U0030457

創新者的思考

ニュービジネス活眼塾

看見生意與創意的源頭

大前研一——著　謝育容——譯

【推薦序】

藍海策略的創業版

國立中山大學管理學院亞太ＥＭＢＡ主任
方至民教授

大前研一是名勤於寫作的管理實務專家，如果要給他一個定位，我認為他應該是近代最具前瞻性及富有創意的企業思想家。大前研一除了出版很多極為暢銷且頗負盛名的書之外，他的文章在最重要的實務經理人期刊，例如《哈佛商業評論》（Harvard Business Review）中也十分受到歡迎，且極具影響力。他提出三極勢力（Triad power）將全球經濟體分為三大塊，日本為亞洲的領頭雁，將日本推到與美國、西歐鼎足而三的地位。從一九八〇年代到一九九〇年代初期，他是全世界少數倡導國際策略聯盟的先驅者。同期間，他告誡日本企業，要從善於管理變動成本（透過無止盡的合理化，降低產品的生產成本），轉而重視固定成本的管理（即為各項投資計畫）。因為日本企業傳統上，將各項重要功能（例如製造、研發及行銷）都置於公司內部自己執行，大前主張，降低內部投資，透過合作，可以取得綜效，並提高經營彈性。但日本企業似乎沒聽進去，直到全球金融風暴之後，日本企業比歐美受到更大傷害，爾後，才開始外包一些製造訂單。大前也認為加州化的生活型態，將成全球趨勢，這是一種東方及西方的混合體，因為民族主義很難將經濟上的利益，擋於國門之外。當網際網路愈來愈普遍時，我們也不得不同意這種趨勢的前瞻性。大前甚至對中國經濟前景提出見解，並且預言兩岸的統合，這是單純從經濟面的論點，當然踢到了政治的鐵板，但其跳脫框架的思考方式，仍是令人拍案叫絕。

這本書不是大前研一第一本談論創新及創業的書，但卻是他第一本專門討論創業的書，書的內容是他九年來在創業家學校的授課內容紀錄。一般創業的著作比較偏重在創業過程及創業後的管理，大前的重點則著重在創意的思考。看大前的書或文章經常會覺得，這個人怎麼會有這麼多的點子，這麼奇特的想法，在這本書中，我得到了答案——因為他隨時隨地都在思考。他搭電車時，看到車內廣告思考著可以如何改善，車外景色不美觀且髒亂，他也在思索如何改進，在浴室裡看報紙也都在思考。我之所以把這本書稱為藍海策略的創業版，是因為大前不只鼓勵潛在的創業家要隨時隨地的思考，更要以創新、獨特、非傳統的角度去思考，才能產生前所未有的商機。

創新、獨特、非傳統的創業思考方式，大前提供了許多角度讓創業家去自由發想。首先是對所有事情要有高度的好奇心，一直追問為什麼，例如ＹＫＫ的創業者發現，冰冷的鋁銅拉鍊，讓女性背部不舒服，也可能造成傷害，因而一直問為什麼不能改良，應該會有更好的方法才對，這種精神讓他開發了尼龍質地的拉鍊，最後ＹＫＫ成為世界最大的拉鍊公司。因此，第二個思考角度就是顛覆常識與常規，拉鍊不一定要用金屬做，尼龍也可以做拉鍊，而且更為舒服，更為安全。大前提出的第三個原則則是看透未來的發想，也就是直接看到未來的需求。他提到山葉（YAMAHA）的經營者，二次大戰之後到美國去考察，不同於戰後的日本滿目瘡痍，美國人到處充滿了悠閒享樂的氣氛，他意識到未來日本總有一天會復甦，休閒產業必定會興盛，因此山葉投入鋼琴、摩托車及運動等產業。大前的第四個原則是解放思想，提升戰略自由度，例如將舊事務加以重新組合，可以產生新事務。以現代流行商品的概念，就像手機可以加MP3、PDA或是數位相機等功能。而對於創業來源，書中強調一定要提升自己的搜尋能力，他認為自己的搜尋能力，來自於不斷的與各種人交談，甚至上網與不認識的人，針對一件事深入討論。如此一來，可以得自各種不同角度的見解。最後，對於如何求證創意的可行性，大前認為進行深入調查是必要的，調查不能只依賴別人寫的資料，自己第一手的資料更是重要（因此他書中從來沒有參考文獻）。日本人奉行現場主義，大前更是連調查都強調現場調查的重要性。而且對於有疑問的部份，一定要徹底澄清才行。

書中對日本的教育體系依舊提出批判，他認為學校體系中，不強調學生創意思考能力的提升，注重的是強記，填鴨式的教學方式，因此，教育程度愈高，愈是受到束縛，創造力愈低。這與我個人的一項研究結果是符合的，在一個產業首動者（第一家推出新產品的公司）的調查中，我發現，公司經營團隊的學歷與推出新產品可能性成反比。這一點絕對值得國內教育界人士注意。此外，大前批判大企業對創新的冷漠，只強調按照規定辦事的傳統，這使得大企業的員工呈現思考模式高度一致性的缺失。大前認為大企業一定要能否定自己，唯有如此，才能激發創造力。

這是一本很有趣的書，到處可見令人意想不到的思維。最可貴的是，許多的例子都是作者本人所參與過的案例，從一個創意如何產生，如何被思考，如何被評估，都有詳盡的描述。讀者在讀這些充滿驚奇的案例時，都會以身歷其境的感受，十分具啟發性。

【推薦序】

燃起創新與創業的熱情

予新創業管理顧問公司創辦人／臺大EMBA兼任教授
李吉仁教授

自從法國經濟學家賽伊（J. B. Say）於十九世紀初提及「創業者」（entrepreneur）一詞開始，直到剛過世的管理大師彼得 杜拉克（Peter F. Drucker）大力倡導「創新與創業型社會」（entrepreneurial society）的重要性為止，創業活動已然成為世界各國政府發展經濟的重要元素。根據著名的全球創業研究計畫（Global Entrepreneurship Monitor, GEM）的統計，各國的經濟成長增量，約有三分之一是來自於新創事業的貢獻。

在台灣，中小企業的創業精神（entrepreneurship）與營運靈活度，一向是經濟成長的重要元素，而政府的中小企業政策與經驗，也常常是其他發展中國家的學習對象。支持創業動能的因素，除了個人的自利動機與冒險性格外，過去台灣社會福利制度的不良，在大集團企業中升遷的緩慢，以及資本市場興起後的鼓舞，創投產業的興起等，都在經濟發展的不同階段中，扮演著創業的催化角色。

但是，隨著經濟高成長時代的過去，以及新興國家與新進入者的挑戰，許多公司發現，過去賴以成功的競爭優勢已逐漸消退；公司的經營規模雖屢創新高，價值創造的速度卻跟不上持續成長的需求。過去成功所累積的資源，形成組織慣性（inertia）的速度，比經營者思考創新突破的決心來得更快。所以為了維持成長的目標，如何在企業內有效地發展新事業，如何保持企業在技術與營運上的創新能量，便成為許多大企業在經營上的策略重點；由此可見，創新與創業精神，不再只是中小企業的專利。

因此，在當前的經濟與產業發展背景下，閱讀大前研一在這本書中所傳達的，對日本有志創業人士觀念的開示，當具有「他山之石，可以攻錯」的積極意義。

大前研一向來便以具有創新的策略性思維與寬廣的世界觀著稱，從他最早的《策略家的智慧》、《無國界管理》、《民族國家的終結》等書、到最近的《思考的技術》一書中，都提供了不少發人深省的創新見解。現在，他將過去十年來關於創新與創業的講座資料匯集成冊，出版了《創新者的思考》這本書。本書在思考邏輯上，延續了《思考的技術》一書的內涵，在論述上，則以創新導向的創業活動為主軸，並佐以許多日本與國際上成功的創業案例，相信能夠讓讀者有親炙其創新策略思維的感受。

綜觀全書，其核心觀念在強調如何建立創新的思維。大前研一除了以其一貫挑戰傳統思維的筆調，強調：創新來自於「對已知現象與運作方法的根本質疑」，來自於「對趨勢與數據的敏感度直覺」，更強調：「運用新技術、新材料、與新組合的觀念」，以進行所謂態彼得（J. Schumpeter）式的創新。

除此之外，他整理並分析個人多年來的創業經驗，提供創業者可貴的建議，強調應該從消費行為的內涵，去思考價值創造的營運設計，例如：書中對於網路購物模式的設計，溫泉旅館服務模式的設計，無所不在的消費價值設計等，都是對於創新與創業思考的有趣討論；同時，他更強調唯有能夠提供個人化使用價值（或謂個人獨霸）的服務架構，才能有實現創業的機會。

此外，作者一向所標榜的無國界（boardless）思維，也是他在本書中想要強調的創業機會；他舉了許多例子，如：在菲律賓蘇比克灣建構日本老人的養生村，在中國大陸江浙地區複製靜岡茶園，在澳洲維多利亞省栽種越光米等，說明這些都是能突破現有思考框架、進而啟發創業願景的有趣構想。

本書由於是講義式的彙整，所以前後章節在觀念或內容上不免多所重複；而從機會的確認到新事業的建構上，似乎也未能提供一個較有系統的策略規劃或組織架構，不免為美中之不足。儘管如此，本書充滿大前研一多年來從事顧問與創業的寶貴經驗，不但能像創業教練般，提供讀者諸多的啟發，更可以重新燃起人們對於創新與創業的熱情，相信是有志於創業者值得參考品味的一本書。

【推薦序】

用創意來賺錢

交通大學榮譽退休教授
楊千教授

要對人類貢獻就需透過企業活動賺大錢

對人類的貢獻有許多途徑。慈善事業絕對是最崇高可敬的，但它是非營利事業，它的貢獻不易客觀衡量。要能客觀衡量個人或一個組織對人類的貢獻，最客觀的貢獻就是看這個人或這個組織的獲利能力。要對人類貢獻就須透過企業活動賺大錢。

企業是指從事涉及資源、商品、服務與技能等企業活動之個人或廠商。當我們要表達對他人的感謝，我們會給他一張謝卡（Thank you note）。人的各種慾望與需求都各自有它的重要性與急迫性；而且大多受到時空影響。這些需求特質都決定了「需求滿足」的價值有多大。在經濟學中，滿足慾望的過程稱之為消費。當消費者的需求獲得滿足，他所付出的謝卡就是鈔票。每一個企業，就在努力創造能滿足顧客需求的價值。如果我們在經營事業上的營業額很大就表示我們滿足很多人的需求。如果一家企業很努力卻一直無法把業績做好，就表示這個社會不需要它。所以，當學生問我說如果他上班或創業的公司沒落或要倒閉了該怎麼辦？我就依照上述的道理跟他解釋。社會不需要它，你就去做一個社會需要它的事業，那才對社會有貢獻。企業在於創造能滿足顧客需求的價值，價值會因人因時因地而有所不同。於是就有所謂的市場區隔以及行銷學或消費者行為的種種研究。

所謂「賺大錢」是很通俗甚至不好意思在大學殿堂裡啟齒的名詞。其實，能賺大錢就表示自己的產品或服務能滿足某些人的需求。如果企業活動是合法有效地運作，那麼它就也應該可視為能獲利的公益事業。比如說，你能創立一個連鎖商店解決人們早餐的問題，你也的確因此賺了大錢，當然也就表示你真的為這個社會提供了必要的服務與貢獻。而賺大錢的背後更表示了你在策略上佔據了很關鍵位置，在經營管理上達到有效率的運作。要不然，你的競爭者會取代你，你的顧客會離開你。事實勝於雄辯，只要能持續賺錢就表示對社會有具體的貢獻。當社會不需要一個人或一個組織，最具體而冷酷的事實，就是讓它不賺錢。所以，我也常向同學說明，如果一個公司因為營業額變差而要倒閉也是應該的，這才算是有天理。

許多億萬富翁尚未出生

我在學校教授策略管理時常對同學說，長江後浪推前浪，還有許多億萬富翁尚未出生，不必感嘆說好機會都被別人佔有了。機會永遠存在，每一個世代有每一個世代的機會。「舜何人也，禹何人也，有為者亦若是。」

網際網路的第一個世代造就了雅虎，這幾年造就了google。最重要的是誰先看到消費者需求的機會並且將它實現出來。當男士們出門都習慣戴帽子的時代，製作與銷售男人的帽子是一個好的產業。當全球崇尚自然的時候，棉織品與純毛織品就成為主流，化纖針織就趨於沒落。

成功是有軌跡可循的

古今中外總有許多百萬或億萬富翁。如果我們看看這些成功的人，都會發現成功是有軌跡可循的。大前研一先生在日本創辦並主導麥肯錫顧問公司。這其中他每年平均看過八百份以上的事業計畫書，三十年來的觀察讓他深深了解創業成功的背後要有禁得起考驗的創意及適時推出市場的時機。

在這裡我必須補充的一點是創意與時機不是相加的，而是相乘的。如果有一項為零，它是不會成功的。今天大前研一先生將他過去幾年來在他創立的「創業家商業學校」的講義整理出書，對於沒有機會上這個學校的人實在是一項福音。書裡頭有許許多多二次戰後一直到近幾年來，影響人類創業成功的有趣且發人深省的故事。這是一本可讀性極高又深富時代性的書。當我們看到這些一再重複的成功故事，我們就在知識上滿足了，剩下來的就是能知能行的下一步。

創意是需要養成的習慣，習慣是需要培養的環境

如果要創業成功，「創意」並不僅是一個辭典的辭，它是一個需要養成的習慣。我們在周遭環境裡頭就會發現有些人是相對的有建設性的創意產生，而有些只有偶爾吐個不成形的創意泡沫。多接觸新知、多與人互動，對既存的產品或社會需求多做些質疑挑戰的思考等等，都是養成創意的好習慣。為自己營造一個容易培養創意的生活環境是一般創業者不可或缺的條件。

但願，這本書能成為讀者啟發一些創意的種子，激發一些創意的火花。

【推薦序】

大前研一的創新與創業論

成大研究發展基金會　特聘研究員
蔡明田教授

創業是所有上班族最大的夢想，然而，真正創業成功者卻寥寥無幾。其原因無他，就是無法脫離既有思考邏輯的鳩巢，他們的創業幾乎只是單純模仿既有業者的做法而已。這也就是為什麼創業者多、成功者少的緣故。

大前研一在本書中開宗明義地說，創業要成功就必須先破除本身「思考的障礙」，亦即拋開自身內心已存在的想法。因為，既存內心的想法往往使人忽略週遭的創業機會，並且不願去接受創業的挑戰。因比，要創業就必須先排除本身的「思考障礙」。書中特舉出相當多及熟悉的創業者實例，如松下電器的松下幸之助、夏普（Sharp）的早川德次、三洋電機的井植歲男等人，並且列舉相關新興領域的創業機會，如衛星通訊、數位通訊、網路等，對有意創業者應有相當大的啟示作用。

大前研一指出創業成功的關鍵在於「創新」，而「創新」並不限於技術的創新，舉凡經營系統、人才聘雇、溝通方法、或是在所有經營領域中，從未有過的思考方法或做法，都可納入創新行列。由於「創新」顛覆了常識，不僅提供更多的創業機會，也使得傳統產業逐漸失去舞台。在此，大前研一提供相當多不同思考角度，使讀者更能理解創新在創業中所扮演的關鍵角色。

作者更於此書中進一步分析、介紹數位時代新事業的思方式，及創業者成功的條件，他指出，新創事業的起步有賴於「創新」這個「必要條件」，但是，如果要進一步達到成功的話，就必須有一個整體經營系統，才會具備創業成功的「充分條件」，這些在本書中都有非常詳盡的闡釋。

《創新者的思考》除了談論創新者如何將點子落實成生意，大前研一更鼓勵欲創業者去學習「染色體異常企業」，尤其是網路中的新創事業，從中汲取「創新」經驗，並且培養事業創造力。其次，對於創業要素的強調，尤其是對於「構想能力」的解釋，使讀者更能掌握創業的成功關鍵。

過去大前研一的角色是企業顧問，也是公認的趨勢觀察家，但是從《思考的技術》開始，除了觀察世界的變化、經濟的趨勢之外，他更朝向思考的本質面，提出他精闢的見解。

在《創新者的思考》這一本書中，大前研一充分掌握了「創新者思考」的本質，在文筆上相當洗練，拿捏恰如其分，描述「創新」入木三分，系統分明。參閱此書，不僅能從中獲取精闢的經營知識，更能得到一種雋永的閱讀享受。

【前言】

薪火傳承——「大前研一的創業家商業學校」講座內容

創業家商業學校並非由我所設立的。當時，基於各界亟欲讓日本成為更好的國家，從各地集聚而來成立的平成維新會中的志願者們，以我的名義，想將我的學識及經營思想傳授予年輕的下一代為由，就此擅自設立的學校。另外還有一間政策學校「一新塾」，也是在類似的原因之下而成立的。兩者至今均成立約有十年之久。當時，雖然我名為創業家商業學校校長，但是學校的一切營運則全權委託志工們處理。隨後，一新塾的事務長森伸夫先生也將此校改為非營利組織，才讓我的責任得以減輕。在一九九八年以經營管理者為導向所開設的二十四小時播放節目的商業突破（BBT）電視台，因為與創業家商業學校產生相當大的相乘效果，所以將之合併而有至今的規模。

講座以半年為一期，每年舉辦兩次，現在已經進行到第十九期，畢業生約有四千人次，由這些畢業生所成立的新公司超過六百間。這些人在畢業之後，仍利用現在的電子通訊方式彼此聯絡，一發生什麼事情，都能立即聯絡到全體畢業生。當我想創立新事業時，首先也會利用這個聯絡網，尋求想要參與計畫的人員。承蒙講座講師們的大力幫忙、同學們之間互相提攜，以及與畢業生之間交流等，使得這個聯絡網路可以更為廣泛被利用。創業家商業學校雖說是由志願者所設立的組織，在經過十年的今天，如同其名，這是一個最適合學習創業方法且最為熱心傳授的場所。

我在創業家商業學校的講座內容大都整理為十個小時，分別於開學及畢業時各以五個小時來進行。開學時所安排的內容，大多以於事業創辦時如何訓練所需的創造力及構想力為主。在畢業典禮時，則針對學生整理提出的事業計畫做個別評論，以及對於在現今社會中創業的重要性等相關問題，提出我的想法。不論是向人借錢或是貸款而創業者，其相關的社會契約及責任，乃至於和股東或員工之間的關係等等，需要教給他們的事情實在太多太多了。

此次，日本總裁出版社提出企劃案，想針對我所評論的部分內容精選濃縮為一本書。其實關於這方面的內容已經出版過不少書了，不單單是我的評論，也整理了各個講師的內容，即便是沒有參加過講座的人，相信也可以充分接受到上課內容傳遞的訊息及氣氛。

日本政府為了拯救銀行，花費了一百兆以上日元，但在提供年輕人創業的必要資金方面，卻僅有三千萬日元的預算。我在每年看過平均八百份以上事業計畫書之後，得到類似經驗法則的想法是：應該宣告破產的銀行就讓它倒閉，無條件提供年輕創業者三千萬的投資，如此一來，在這十年間應該就可以成立三百萬家公司。即便成功機率只有百分之零點一，也預計可以順利成立三千家公司；比起現在每年大約只有成立六十家左右的新公司，整整有五十倍之多。如此一來，日本整體應該會有很大的改觀。因為經營失敗、或企業經營不善的已經超過一千萬人，所以這對日本來說，是一個培育珍貴人才的機會。

然而今天的日本卻完全不著重於創業這個部分。因創業所設立的資金每年不到一兆日元。不論是東京都、北海道或是各個府縣，創業資金的部分在分配職員的薪水後，幾乎所剩無幾了，更別提會將預算提撥到公司方面。而問題的本質在於，日本發展新興事業機會的魅力市場較少，資金一古腦兒全朝向固守舊有產業，而不轉向開發新興產業。這是我從事這份工作十年以來，對於日本這個國家感到痛切的地方。

但是，我不會就此放棄。在創業家商業學校裡所遇到的每個人都積極、向上且樂觀；與日本在這十年當中一直都是消極、退後而悲觀的情況形成很大的對比。而且，他們對於我的話，或是各個講師的上課內容都能充分吸收，因此這經驗讓我對於日本的將來仍抱持樂觀的態度。總之，日本的人才比比皆是，重要的是要能將資金投注在積極想要創業的人們身上。

這本書由於是從十年前的講座內容開始紀錄而成的書，所以就主題方面可能會覺得老舊。我從十幾年前便一直是ＡＤＳＬ的評論者，所以也會出現類似像當全國都朝著光明面的論述前進時，而我卻不厭其煩不斷地指出問題點的舊講座內容。藉由孫正義先生的雅虎寬頻（Yahoo BB）破壞市場價格，一舉讓使用ＡＤＳＬ的寬頻得以在日本普及，從現在的角度來看，說不定會覺得這件事有什麼好值得爭議；但是，在當時認為會朝今天這樣的方向演變的人確實很少。因此，我才認為應該保留當初講座的內容不要修改比較好。創意發想、解析，並從種種矛盾中尋求事事求是的態度等，正是在創業時所必要學習的思考方式和做法，因此我才決定不修改內容。

樂清（DUSKIN）當時的千葉弘二社長所說過的話，我也沒有將它刪除掉。雖然現在他因犯罪而遭到逮捕，但我仍認為千葉先生在成就樂清公司過程中所展現的優異經營表現，是值得大家作為參考的。

在講座中也會和學生分享有關我本身所創立的公司，提及創立時的熱情及種種，當然也包括失敗或甚至賣掉的公司。其中使用ＡＭＩ公司基本輸出輸入系統（AMIBIOS）的電腦系統或是微條碼解讀（micro barcord reader）系統的公司，現在仍然經營得很辛苦。我原有的 Platform 公司，也改名為 everyD.com 繼續經營，現在在九州加入橘子公司（Orange）旗下，負責生鮮食品的宅配事業，在關西則是和阪急Kitchen Yell、廣島和Fresta公司形成宅配事業平台的經營形式。

麥肯錫在東京的辦事處，可以說是由我一手成立的。因此我也自認為是創業家，並從中深入了解麥肯錫國際化的作業過程。以五年、十年後的光景作為基礎，每年提升業績，這種工作性質和我的個性十分相符。為了顧客提出新商品或服務的提案不在少數。到秋葉原走一趟，一定會發現幾樣我所思考的商品。現在則在課堂上，不斷地花時間和年輕學生們講述當時產生出這些商品的創意發想方法。本書中也有收錄一部分這方面的內容。

類似這樣的講座課程，從創業家商業學校創立至今，都有利用攝影機拍攝保存。而現在因為可以轉為數位化進行資料流（stream）傳輸，即使經營者的談話內容動輒數百分鐘，或是講師的課程內容，都可以維持原本狀態進行傳輸。

此次，在總裁出版社書籍編輯部山形佳久先生的強力邀約之下，將我的講座內容自成一冊而出版了這本書。若是各位讀者對這樣的內容，認同它的價值而想要進一步直接接觸的話，歡迎前來創業家商業學校；若想要透過電腦網路進行學習的話，也可以利用eABS進行互動式傳輸。我本身在這十年間，投注相當多的時間在創業家商業學校。年過六十的我，不確定還有幾年的時間可以和這個學校的學生們進行這樣彼此激勵的互動。但是，我仍然會繼續經營這個全世界都沒有相同類型的學校——創業家商業學校。為了在二十一世紀知識經濟的對決中，成為世界產業國家之冠，這個薪火必須永續傳承下去。

大前研一

（http://www.kohmae.com/）

①編按：創業家商業學校（Attacker's Business School，簡稱為ABS）：由大前研一在一九九六年創辦，專門培育創業家的學校。迄今已有六千一百名畢業生，創業公司八百一十間；其中有十一間在東京證券交易新創股市「Mothers」上市，是日本最大的創業家學校。

目次

目次

第一章

用「創新」來破壞

憑什麼創業

創業或是成為創業家時，在心中必須先謹記「風險」（venture）和「冒險」（adventure）的不同之處。不做沒有勝算的冒險，因為可能會讓你從此陷入絕境。

風險性創業者要成功，必須符合必要條件和充分條件。

首先，必要條件是指在這個世界上有新的需求出現，對於這個需求要比任何人都能處理應付得當，若沒有如此的「必要性」則無法成功。例如，因為麥當勞流行，所以考慮用一個類似的名稱販賣相對便宜的產品，這就叫做「me too」（我也是），是最不符合風險性創業的一種做法，充其量不過只是單純的模仿罷了。找出屬於自己獨特的「必要性」、發掘你的「必要性」，察覺別人沒有發現的事物，開始進行所謂的風險性創業時，這是第一個必要的條件。如果只是「認為自己可能比別人好」，或是「別人可以，所以自己也行」，抱持著這種「想作就能成功」的程度，認為還有市場空間而胡亂加入，這種情況，與其說是風險性創業，其實和單純地進入市場沒什麼兩樣。

就一個創投企業（venture capital）而言，「me too」的思維，比較不容易籌措到資金。所以不厭其煩地再次提醒大家，仔細觀察世間所有事物時，必須找到滿足真正的必要條件，具備「察覺到了，被我發現了！」這樣的全新發現是非常重要的。

創業家未必是經營家

當然，事業只存在必要條件無法成功。成就事業必要的充分條件是指，不單只是商品或服務的設計、製造地、送達的目的地、售後服務、財務，以及人才配置培育等整體事業系統，亦即作為公司的整體系統必須整備齊全。

美國也是同樣的情形，許多的風險性事業即便在剛成立的階段表現不錯，但卻後繼無力，這就是因為沒有滿足充分條件。明明有不錯的構想並且順利成立公司，但隨後卻出現內部混亂、無法跟上經營者腳步而失敗的案例相當多。

睿智的創業家，當認知自己能力不足無法再繼續領導往前時，就應該讓出事業交予經營上的專家。非常有名的例子像是，創立蘋果電腦的史帝夫．賈伯斯（Steve Jobs）很早就交棒給約翰．史考利（John Sculley）；另外，視算科技（SGI）的吉姆．克拉克（Jim Clark）也將事業讓給了愛德華．邁克拉肯（Edward McCracken）。而後，史考利在接到棒子沒多久又交接給第三位跑者。結論是，蘋果電腦因為沒有順利交接，雖然如今也成為一大企業，但因為經營策略的失敗使得公司呈現些許低迷的狀態。總之，對於符合必要條件，但充分條件不完備的企業而言，交接是一個睿智的選擇方式。（編按：蘋果電腦之後又將經營權轉交回賈伯斯，最後並沒有被市場打敗。）

日本方面的情形就不這麼樂觀了，總是自己經營到最後一刻，交棒也是傳給自己的下一代，這是絕大部分人的做法。到了最後，公司的型態完全走樣。

從蘋果電腦的個例之外，再來看看美國其他公司經營權交棒的情形。

米奇・卡普爾（Mitch Kapor）創立蓮花公司（Lotus Development），其後將公司交給了吉姆・曼日（Jim Manzi）。而我曾經在麥肯錫公司，和他共事過。

曼日在麥肯錫公司最後所負責的業務就是將日本企業搶攻進入美國市場。他和我走遍美國各州，研擬如何投入美國市場的計畫，但非常可惜的是，後來他以夫人任職於波士頓傳播業為由辭掉了在麥肯錫的工作。當時，我以日本企業美國代表的職位勸他繼續留任，而他回答我，因為在波士頓剛好有一家剛剛開始發展的小型公司，想要過去幫忙為由而婉拒了我，而且那家公司年營收僅有二十億日元，令我怎樣都無法理解。但在過幾年之後，赫然在億萬富翁排名中，看到曼日的名字竟然出現在克萊斯勒總裁艾科卡（Lee Iacocca）的後面。我的眼睛注視著排名好久，確認這就是我所認識的曼日。

曼日從卡普爾手上接過經營的棒子，成功地完成使命。但蓮花公司在十年後，於一九九五年賣給了ＩＢＭ。曼日雖然因此手中握有大筆的財富，但辛苦成就的事業最後卻賣給ＩＢＭ，實在情何以堪。我想應該是曼日之後的接棒者沒有善盡其責的緣故。

不論中外都是一樣，事業交接未必都能順利成功。但是，美國的情形大多是將事業賣給他人獲得金錢，之後從事社會活動等優哉地度過餘生。日本的情形則是讓子孫承接，不但沒獲得利益，還可能到頭來搞得事業也沒有、兒子也沒了。

舉個交接成功的個例：惠普（Hewlett Packard）公司，惠普可以稱得上是風險性創業的始祖（編按：威廉．惠烈和大衛．帕卡德在一九三九年創立了惠普），是相當有名的企業。帕卡德（David Packard）於一九九六年逝世，因為在經營面上，不論是交棒給約翰．楊格（John Young），或是之後的路．普拉特（Lew Platt）這些優越的人才，使得惠普雖然為大型企業，卻不失風險性事業的小型事業部制度的優點。這是相當成功的一個例子。不論是惠普或是３Ｍ公司，他們成功的最大的特徵在於採取盡可能將事業縮小，並且有責任範圍明確的「經營層小型化（Organize Small）」組織策略，即便是成為大型企業也不至於迷失。

大型企業一旦組織變得龐大，常常會看不到很多社會上的變化。一旦察覺能力降低，企業內部的員工便開始消極、退步而悲觀，毫無例外。我想最典型的例子就是日本的官僚制度，而現在民間企業明明是民營事業，作風卻有如官僚一般，所以歐姆龍（Omron）的創業者立石一真先生，雖然把這種大型企業的僵化毛病稱為「民僚」，但看來最後勢必都會演變成這樣的狀態。

為何無法從A到A+

美國的風險性企業，通常從創業開始到年營業額達到一百億日元為第一階段；之後到一千億日元為止為第二階段，一千億日元以上則為第三階段。創業後如果能順利繼續經營者，年營業額勢必可突破一千億日元，很少有在中途停止成長的企業。

日本的情形則少一位數，營業額到十億為止為第一階段，一百億日元為止為第二階段；當達到一百億日元時，經營者往往好像就得到了天下一般。正因如此，美國和日本公司規模的未來性就有了明顯的差異，那是因為設定的目標不同。通常日本的企業，營業額達到十億日元時，經營者就會覺得自己創立了一間了不起的公司因而自滿，規模達到一百億日元時，就已經會成為各大演講所極力相邀的對象了。

在美國有一家名為The Limited Inc.〔編按：一九六三年，萊斯利・偉克納（Leslie Wexner）二十六歲時創立的服飾店，現更名為Limited Brands，經銷包括知名內衣品牌「維多利亞的祕密」等不同類型的女性商品」的經銷商。當GAP流行時，一口氣衝上成為一千億日元規模的企業。自從美國注重銷售權之後，趕上潮流的東西都有可能被迅速地傳播開來。

另外在電腦相關產業，包括蘋果電腦、康柏、AST、傑威（Gateway）、戴爾電腦等，其中傑威創立十年以來，年營業額達三千四百億日元。

這家公司的創業者泰德·威特（Ted Waitt）在二十五歲時創立這家公司，當時他在美國南達科塔州的鄉下地方利用電話接訂單，同時用電腦詳細記錄各個下訂單者的要求開始，到一九九六年時營業額達到五千億日元。二十五歲創立公司，三十五歲將公司推向成為五千億日元規模企業的高峰。

如此，美國和日本風險性創業的營業額規模是如此懸殊。不論是速食業、零售業，或是軟體業，日本通常在達到美國的十分之一程度時就停止了。原因除了經營者的視野狹隘外，還加上銀行或是新聞業界的過度推崇和縱容。可以輕易取得資金，反而使得企業對於事業喪失企圖心。一旦開始接受到演講的邀約，便開始粉飾自己，造成的結果就是停止成長。

總之，即使達成必要條件，在充分條件不完備的情況下也會導致失敗。必要條件如前面所述，就是發現新的事物。雖說除非發現唯有自己察覺到的機會，否則也會失敗，然而達成必要條件後，充分條件這個部分，在日本通常也會在建立公司體制時被忽略掉。

美國的情形則是積極採用專業人才，以創造至少一千億日元為基礎去發展企業，而日本在這個部分則非常薄弱，即便是風險性企業規模達到數百億以上，也很難發現真正的人才。這個說法或許有些過分，但常常會覺得這樣所謂的人才，竟然也可以在公司繼續待下去。對於人才沒有真正下一番工夫仔細地篩選，最後讓公司一敗塗地的例子實在很多。

創業的心理準備：沒後路！

前面，我們提到了自己開創新事業所必須具備的必要條件。接下來，要針對相關的部分加以詳述。在這之前，作為前述我要先提出一個觀念——生活中存在的風險。想要自己創業、但卻覺得目前生活過得還算不錯，而且還有家庭因素而遲遲無法下定決心煩惱不已的人應該不少。一定有很多人是因為這樣的情形，往往不敢採取冒險行動。

如果沒有風險就稱不上風險性創業。總是在過安全的橋、走平穩的路，不論何時都具備必要及充分條件，如此一帆風順的新事業是不存在的。即使受教於成功的人，也一定會聽到他們說，至少曾經有過在瞬間覺得「公司說不定明天就會倒閉」，或覺得「公司已經完蛋了」，甚至有人至少曾四至五次有過那樣的想法。

正因為承受過如此大的風險，冒險過的人即使面臨失敗，也會表現出「萬一有個什麼，也會有飯吃」，不被打倒、繼續激勵自己勇氣的特性。

但是，我們可以很確定的是現在不可能會有找不到下一個工作的時候。以日本長野縣松本市的一個職業訓練學校為例，這個職業訓練學校只要是失業者都可以入學，一旦入學後，每天早上就可以領到九千二百日元；六個月的時間，一直照顧到你學成某種技能。全部共有三十個以上的課程內容，畢業之後可以成為木工、瓦匠，或是程式設計師。例如訓練學校畢業後成為程式設計師，進入公司上班，但卻在公司和上司一言不合挨揍而離職，還可以再次入學，領失業保險金繼續讀個半年。下次成為木工從事家具相關行業，也許又被木匠師傅訓了一頓掃地出門。

如此來來回回三十次，就可以過那種拿年金度一生的歲月。正因為日本有這樣的制度，所以在這個國家不可能發生找不到工作的時候。即使有個萬一，還是有飯吃。

最後不單只是松本市而已，全日本都有同樣的安全網出現，所以應該要有不論做什麼都不需要害怕的勇氣。當真處於非作決斷不可的時候來臨時，只要想想有松本市類似制度的存在，反正要是真的走到那種地步，至少還有退路而鼓起勇氣，這是成為創業家所必要的決心。失敗覺得可恥、不行了覺得丟臉，有這種心態的人並不適合成為創業家。這種人大概就只能在郵局做配送郵件的工作，每天從早到晚做一樣的事，只要沒有重新劃分區域，沒有變更門牌號碼的話，目前記住的工作內容就可以讓你吃一輩子。

如果用郵局的例子來說的話，似乎能做風險性創業的人，應該就可以比喻成即使每天更新門牌號碼也都能應付的人。就算地址不斷改變，卻也不厭其煩地每天想出更有效率配送方法的，就是在知識面不會怠惰的人。這是非常重要的一點。試著分析一下自己的個性，若認為自己只適合分配郵件的話，那麼就放棄當創業家的想法吧！

雖然偏離正軌，但是所謂的風險就是萬一怎麼樣的時候，也不至於會沒飯吃；但是一旦踏上了創業家的道路，就要有決心斷絕任何後路。

看電視和廣告訓練思考

雖說想要進行風險性創業，在知識面就不可以怠惰，但是要怎麼做才好？首先，要拋開自己內心已存在的想法。

有所謂的「思考障礙」這個說法，它的意思是指，自己直覺非得如此思考不可，或是雖然沒有這樣想過，但一經別人提起便隨即認同他人想法。像這樣的固有觀念普遍存在於日本人身上。若要成為創業家，首先就要杜絕像這樣的固有觀念，也就是要練就一番破除思考障礙的方法。

學校教育多著眼於記憶背誦，而沒有養成思考的能力。一旦記在腦海裡，就理所當然認定如此而不加以思考。因此，思考便就此打住。

重新鍛鍊自己成為思考障礙的破除者時，不要試著打算知道任何事情，而是要徹底追究「是否當真如此？」、「不同於這樣的案例真的不存在嗎？」或是「為什麼可以這樣下定論」等等，徹底進行這樣的訓練。

最好的訓練機會就在搭乘電車和看電視的時候。搭乘電車時，大約鎖定十五個車廂廣告，對於廣告內容，例如「如果我是這家公司（如結婚宴會廳）的業務經理，是否會做這樣的廣告內容」，或者是「如果我是製作這張海報的廣告公司主管，是不是會寫出不一樣的文案」等等，像這樣以不同的對象做不同的訴求來試著思考。如果抵達下一站還有五分鐘的話，在這一段時間內試著快速思考幾個不同的廣告內容。持續一個星期幾乎看過這個車廂的廣告後，下次就移動到另外的車廂；或者是鎖定從車窗看出去的廣告看板也可以。

如此持續三個月後，腦袋就不會遲鈍不懂思考了。以往看廣告，只會想到「□□結婚宴會廳，這不就是○○結婚時請客的地方嗎」，而現在就可以改變思考的方式成為「明明是這麼有名的結婚宴會廳，竟會刊登這種程度的廣告，真不知道業務經理有沒有在做事；如果換成是我，一定可以做出更好的廣告」等等。若是身處於這個角色，如此做的話真的能夠招攬客人嗎？這樣的訴求真的正確嗎？不斷地自我反覆詢問。每天只看十五個左右的廣告，利用搭乘電車的短暫時間，就可以讓頭腦不斷地運作。換成是對知識怠惰、懶得思考的人，絕對辦不到。持續進行一千個日子，腦袋就可以有高達一萬五千次的運轉。而思考迴路就是這樣開始持續運作的。

看電視時也是一樣，思考的素材更是多樣，例如「如果換成我的話，我會這樣作腳本的安排」，或是「我會把這個結局做這樣的改變」等等。十五秒或是二十秒的廣告也一樣，「換成是我的話，我會選擇採用另外一個代言人」等，看完一個廣告後，將畫面關掉然後思考三十秒。然後再看下一個廣告，再做角色互換試想自己會怎麼處理，不斷進行思考。只是茫然地坐在電視機前面接受訊息而不思考，這就是成為知識怠惰者的主要元兇。

如果沒有像這樣進行把所有的機會變成事業的思考方式訓練，現在教育制度下所培育的人才，就僅止於背誦、理解、認同而後停止思考的模式，無藥可救。所以要養成不論何時，提醒自己隨時思考的習慣。若只是呆滯地盯著電視看還無關緊要，要是把電視傳達的內容記住了就不行。因為在那個瞬間，你的腦袋就開始偷懶。如果要看電視的話，看一個廣告後關掉畫面，試著在白紙上寫出換成是你的話會怎麼做。這樣的訓練是非常重要的。

成功者的共通點：會問「為什麼」

非常幸運地，由於工作性質的關係，身為顧問可以和許多戰後建立日本企業的第一代經營者一起工作。今後即使成為顧問，也不會再有機會和這些人共事，我是因為碰巧在年輕時就成為顧問，所以有幸能夠和這些第一線的創業家經營者一同工作。他們的共同特徵就是對知識充滿好奇，不斷地提出疑問，像這樣的思考方式，不知道要到怎樣的程度才可以獲得整理而停下來。但是，他們大多並非大學畢業。即便是大學畢業，也通常都不是名校。

例如，松下電器創辦人松下幸之助先生是在提起風險性創業家時必定會出現的重要人物，更是一位發明家，兩孔電源插座就是他發明的。他只有小學畢業，但因為對電氣興趣濃厚而成為發明家。現在牆壁上都有很多個插座，所以不覺得有什麼特別，但在以前一處的電源只能供應一顆電燈泡，裝上電燈泡後就無法同時使用電熨斗。松下幸之助想要克服這樣的不方便，所以才發明了兩孔的電源插座。之後，也陸陸續續出現了很多的構想。

他是一個常常對於別人想法提出疑問的人。當一般人被經營之神提出疑問時難免緊張，在充分表達後，有時會發現松下幸之助先生一個人喃喃自語說：「對，你說得對。或許在當時是正確的，現在說不定就行不通。」自己會將過去所說過的話刪除否定。若被要求題字時，他最常寫的就是「誠摯的心不容或缺」。偶爾只會題「誠摯的心」四個字，有時也將「誠摯的心不容或缺」分做兩行來書寫。

松下幸之助先生的特徵就是，接受到新的事物時，會思考舊的事物可能不合時宜而有所錯誤。回想自己當初為何會下此決定，一旦知道是先決條件改變時，就可以在很短的時間內，改變類似像公司規章程序如此重要的事情。若遇到不同的聲音，對於要改變的事情進行阻撓時，他便會回應：「面對問題你沒有一顆誠摯的心，是個剛愎自用的傢伙。」

相對地，在成就新事業時，必定會找來三個人分別聽取他們不同的意見。自己沒有辦法有構想時，就會聽取他人的意見。然後，選定和自己感覺最契合的人。「只有靠你了。我們公司裡只有你才能擔負這個重責了。」被經營之神交付如此責任重大之事，必定高興地竭盡心力全力以赴。這其中的氣氛是非常微妙的。

松下幸之助一直到最後的最後都還是不停地提出疑問。從兩孔插座時代開始，始終沒有改變。

該不該上學

夏普（Sharp）是由早川德次先生所創立的公司，早川德次是自動鉛筆的發明者，剛開始他是對於為何削去鉛筆心，鉛筆就非得愈來愈短不可抱持疑問，因此發明了不用削鉛筆的自動鉛筆（日本稱作 Sharp Pencil）——這就是夏普公司名稱的來源。夏普成立的起源，可以說就是源自早川德次對於為何非得削鉛筆不斷湧現出的疑問。早川德次，其實九歲就從國小輟學。

三洋電機的創業者井植歲男先生，是松下幸之助夫人的弟弟。原本在松下電器公司上班，與松下幸之助的個性截然不同。松下幸之助是一位非常纖細敏感、在小細節非常嚴謹的人；而井植歲男則是豪放磊落、大而化之的人物。一到晚上就前往大阪的新地，和女性朋友玩到清晨四點左右才會回家。

他是一位構想也相當豐富，並且活躍於各個方面的人物，但最常掛在嘴邊的一句話就是「怎樣也贏不了姊夫」，理由是「姊夫小學沒畢業就出社會，我則念到高等小學（編按：小學畢業後就讀的兩年制學校，非義務教育）畢業才出來，雖然相差僅有三年，但這三年花一輩子都追不上。因為在學校的三年期間，腦細胞遭到破壞，所以觀察世間事物的直覺永遠比不上姊夫。」

因此，井植歲男決定放棄在國內與松下公司競爭，創立新公司名為「三洋」，意思是活躍於印度洋、太平洋、大西洋的公司。三洋起初在國外真的非常興盛，而這也是受惠於因為創業者井植歲男對於松下幸之助所產生的自卑情結所致。「像姊夫這樣早出社會反而是件好事，不像我受了教育反倒是一種阻礙。」這也可以說是反學歷情結，但是說穿了，井植歲男不過是高等小學畢業而已。但是在日本戰後的混亂時期，是一個有念書、具有先入為主觀念的人反而是一種損失的時代。

本田汽車創辦人本田宗一郎先生也是如此，他就讀於濱松工業高中時，聽說與老師發生爭吵，把他從二樓丟下而遭到退學，這個傳說至今仍流傳著，但事實上他卻幾乎沒怎麼去學校上課（有此一說，將老師丟下樓的是另一位演藝人員）。但後來因為創下豐功偉業，濱松工業高中還封本田宗一郎為榮譽畢業生。

本田先生也是沒有受到來自教育部的腦細胞破壞。在戰後創立家喻戶曉公司的這些靈魂人物，其共同特點就在於具有自己的獨特見解，並且具有用自己的雙眼觀察世間事物的能力。

能流動的東西，就能發展事業

現在仍然是這樣的年代。最近，在事業上有成就的人，和戰後那群創業家一樣，不論在學歷或社會常識方面與一般人逆行的比比皆是。因此，熟知戰後創業家列傳非常重要。跟我有直接工作上接觸的戰後「第一代」創業者中，讓我印象最深刻的就是歐姆龍創立者立石一真先生。立石一真畢業於熊本工業高中，以九十歲的高齡逝世，此人在四十九歲時，公司曾經一度面臨倒閉。大概沒有比立石一真更辛勞的人了吧！在他公司瀕臨倒閉奄奄一息時，他同時要養育包括嬰兒在內共七個小孩，而且太太也在同一年去世。四十九歲創立今天五千億規模的歐姆龍，絕對不是一件簡單的事情。如果是一般的人，在四十九歲早就放棄繼續求知了。

創立歐姆龍的立石一真，對於當時受到世界矚目的電腦自動化控制系統（cybernation）以及反饋系統（feedback system）相當有興趣。因此，利用電腦自動化控制的觀念，發明了繼電器、計時器和開關等等而成功。他很早就開始研究彼得・杜拉克的理論，並且研讀許多有關電腦自動化控制方面的書籍，讓機械可以操作的部分交由機器處理，只有人類才能辦到的部分才讓人來做，他把這樣的思考方式作為公司的根本方針。

我和立石一真先生曾經有很長的一段時間在一起工作，和他交談後可以發現，他認為只要是可以流動的事物都是發展事業的機會。在化學工廠裡，流動著氣體和液體，而他用同樣的看法來觀察整個世界。只要人有所流動，那就是金錢的流動。

以車站為例，車站人潮始終川流不息。如此，就聯想到開發自動售票機和自動驗票機。之前必須經由人力做的事情，是否可以改由機器來進行？經由這樣的思考後，在裡面置入磁碼感應而發明了世界上有史以來最初的自動驗票機，以及乘客出入閘口的設計方式。另外，以前乘客買票時說出想要前往的地點，而後由記得車票價錢的售票員交給乘客車票，現在只要將銅板投入自動售票機就可以了。只要有人流動的地方就可以看到金錢，這就是立石派的電腦自動化控制系統。

看到交通警察用手勢指揮交通，立石一真便開始思考如何做一套在交叉路口控制車流量的系統。就平面的來測量交通量，將橫向及縱向交通量隨時都控制在最適量的狀態下，這是一種所謂的反饋系統。原本交通警察必須站在中間指揮交通，藉由這個系統，現在只要隨著自動轉換的燈號就可控制車輛行走。對世界而言，這個發明在當時貢獻極大。

另外還有現在車行於高速公路時，會有「到達〇〇還有幾分鐘」的標示。以前，是表示到〇〇為止塞車幾公里，有一次我向立石一真先生提到：「這是一個沒有意義的數字，還需要塞幾公里的路程並非我們所在意的。若沒有標示成為『到達〇〇尚需幾分鐘』，其實對我們而言一點用處也沒有。」他也有同感，並且馬上著手進行開發工作。

總而言之，就是將影像做數位分析，鎖定某款車輛通過A點後，計算該款車輛在通過B點為止所需行駛的時間，就可以表示呈現在看板出現的「幾分鐘」。例如在大阪，就可以顯示「到名古屋需要幾分鐘」的標示。立石一真經常不斷地思考這樣的事情。

他也注意到了金錢的流動，而發明了世界上第一台的提款機，還有ＡＴＭ（提款存款機）。雖然有人提出反對，認為機器無法辨識假鈔，但這些人不過是「優秀的」人才罷了，因為他們是只懂得解說「為何不能使用」的秀才。但是，和這些學校秀才不同的是，必須懂得思考怎麼作才行得通，這才是風險性創業家；也就是說，只能對於「為何不能」說明得淋漓盡致的人，對於之後的事情就不會繼續思考了。

要成為風險性創業家，就必須懂得思考「如何做才能夠辦到」。立石一真就是具有可以做這種發想本質的人，並且將之運用在金錢的流動上。歐姆龍是一間開發控制機器的公司，利用電腦自動化控制，也就是能夠巧妙掌控所提到物的流動、金錢的流動、車輛的流動以及人的流動方面非常敏銳的公司。因此在有所阻礙的地方，養成「為什麼如此」的思考習慣是非常重要的。如此一來，就可以看到「事物」；甚至只要有人和物的流動，就可以看到事業的機會。

「明天就倒閉」的意識

我們已經提到相當多關於立石一真的事蹟了，他八十歲還可以發想，到九十歲過世時，可以說並沒有衰老的時期。松下幸之助先生也是在九十四歲時才過世，晚年雖然不太能說話，耳朵也聽不太清楚相當辛苦，但至少在八十五歲左右以前是完全沒問題的。

松下幸之助先生大概是在他八十歲左右，針對ＶＨＳ的問題做出決議。當時，錄影機在全世界同時推出時，有ＢＥＴＡ、ＶＨＳ以及Ｖ２０００三種方式。松下的關係企業ＪＶＣ採用ＶＨＳ、新力採用ＢＥＴＡ，而松下電器則從飛利浦引進技術開發完成Ｖ２０００。在當時，市場會採用哪一家的哪種方式，引起相當大的討論。

當時，松下幸之助與公司內七百多位的工程師直接面對面談話。用他一貫的要領分別詢問「你怎麼想，如果是你怎麼做」，最後做出的決定是：「這是我們的失敗、ＪＶＣ的勝利。如果要和新力取得抗衡的話，只好採用ＪＶＣ的方式。」

當時，松下幸之助雖然已經退到顧問的地位，但一一詢問開發的每個工程師後，將公司內七百名員工花費七年時間開發完成的系統，在瞬間摧毀。之後，眾所皆知的是ＶＨＳ

最後獲得大勝，而ＢＥＴＡ變成了龐大的垃圾山。這就是常常提出質疑的松下幸之助所做出的決斷。相對於此，知識怠惰者顯得微不足道。

從這樣的事情可以知道，對知識怠惰的人不適合成為事業家。若是想要培養事業家的資質，就要常常對於事物提出質疑。

松下幸之助對於自己所創立的公司，是常常抱持著說不定公司明天就會倒閉的心態在經營。如果公司對於社會上做出不合宜的事情，或是有什麼狀況出現，說不定明天就會倒閉。因為沃森時代的ＩＢＭ和惠烈、帕卡德時代的惠普公司也都是抱持著這種危機意識，所以松下幸之助常常藉此警惕自己的態度。

「我們的公司才不會遇到這麼點事情就倒閉。」抱持如此想法的人一增加，這家公司就愈容易倒閉。會不會馬上倒閉不知道，但可以確定的是肯定愈來愈糟糕。優秀的經營者，都會有稍微一不留神，公司可能就會瞬間消失的這種思維方式，這也可以說是優秀經營者的一項特徵。

無論如何，固有觀念存在於每個人身上，為了將這觀念擊退而提出敏銳的質疑，這就是所謂的「思考障礙的破除者（mental block buster）」。「Buster」是破壞、擊退之意，不擊退固有觀念是不行的。「我打算知道」，或是「我打算了解」這種藉口是禁止說的。

一定要想若是換成自己的話會怎麼做，不單單是像前面所說的思考電車廣告，在遇到任何事情都要思考換成是自己的話會如何做。這樣的思考迴路愈來愈順暢時，那麼就愈來愈具有事業家的頭腦了。

事業家就是因為具備自己的本錢之後，養成這樣的習慣。今後想要成為事業家的人，在創立公司之前要重複不斷地作類似的訓練。如此一來，頭腦的迴路必然開始運作。這是必須經由練習才會養成。上班族通常都是相反的想法：「這不是我的領域」、「這個部門不好」、「部長不同意我也沒辦法」、「明天再做吧」、「船到橋頭自然直」、「反正有人會做」、「又沒人看見」。倘若在這樣的精神狀態下，即便是訓練十年，也無法獨立成為創業家。上班族的工作，和創業家有多大的差異，希望各位能深刻地記在腦海裡。

在將來也想要成為創業家的上班族們，一定也要有和創業家一樣的思考能力；但是如此一來，在組織裡往往會引起衝突，所以必須要有如同在公司裡跑百米障礙的覺悟。

破除思考障礙的方法

之前在麥肯錫時，我會提供大企業的員工進行破除思考障礙的研討會。大企業的員工由於想法相同，所以絕大多數都是相同類型的人。例如若提到意想不到或難以理解的課程，到附近的商店街去上課，反而可能會有兩、三位店老闆可以了解內容；相反地，大企業的員工則全數不懂，這就是大企業員工的特徵——思考的方式呈現相同的模式。

有時我也會利用史丹佛大學所製作的破除思考障礙的課程內容。這個課程中有這樣一個假設問題：「將一支內徑和乒乓球大小一樣，長為六十吋的鐵管插入地底，一不小心乒乓球掉入鐵管裡。為了將乒乓球取出，提供幾樣道具，請問各位如何將球取出？」道具方面提供包括電燈泡中的燈絲、線、針、木板、鋸子和鐵鎚。條件是乒乓球和鐵管都不可以遭到破壞。也請大家想一想。

叫大家試試看時，有人回答可以將線揉成圓形，然後像釣金魚一樣釣釣看等等各種答案。但是沒有一個人回答出正確的解答。事實上，這個答案是小便。浮力讓乒乓球可以浮上來，所以只要將小便尿入鐵管之中即可。

有趣的是，若同樣把這個問題詢問商店街的人，大概馬上就會有兩、三人回答「小便就好了嘛」。不可思議的是，所謂優秀的人，在人前就是說不出「小便」這兩個字。

我對大家說：「你們當中一定有很多人在聽到我說小便的時候，覺得大前先生怎麼會說出這樣的話而覺得很不屑，這就是固有觀念。不論什麼事情，到後來才後悔當初心裡所想的怎麼沒說出口，這樣的人在事業上注定失敗。明明有這樣的構想，之後再怎樣說都不會有開始。這跟結婚一樣，只會說這個女生我也覺得不錯，卻完全沒有行動，是怎樣都不會有結果的。」

史丹佛的破除思考障礙課程中，類似這樣的問題有二十個左右。像這樣的問題，一題接著一題思考後，頭腦都會變得怪怪的，而這就是要讓頭腦變得柔軟。

我想說的重點是，在荒涼的原野中生存而獲得智慧的人，並不會因為有人說到線而去使用線；但是，在人類社會中接受優越教育的人，因為有提供道具，就會自然而然從提供的道具中去思考。

讓大家看紅磚瓦，並盡可能寫出紅磚瓦的使用方法，提供三分鐘時間作答，會寫的人可以寫出六十多個答案。寫不出來的人，大概回答出暖爐、書架等三至四個答案而已。明明還有好多答案，像是作為殺人的用具或是磨成粉作為紅土跑道等等；但想法僵硬的人，因為學校裡教過可以作為耐火材、製作為磚瓦，所以只能想到暖爐這樣的答案。這就是因為想法不靈光，頭腦完全不做橫向的思考。

為了讓頭腦運轉，類似這樣的破除思考障礙的訓練一定要多多練習。最好的方法，是不管大家怎麼嫌棄，也要養成追根究柢、不斷提出質疑的習慣。

若不想向別人提出問題，就對廣告中內容去找碴。姑且不論自己提出的想法到底好不好，首先，要先能夠提出很多的想法，才能從中加以評論，沒有任何想法的話，說什麼都沒用。

不該堅持的時候

創造事業時，必須要有龐大數量的想法才可以。一個熱門商品的誕生，是經歷過構想階段、評價階段、開發階段以及市場階段等各種考驗而成，每一次的構想在數量上從十的三次方、十的二次方、十的一次方到十的零次方（也就是一）慢慢遞減。雖然不是真正的數字變化，但感覺上大概就像這樣；也就是說，一千個想法中，成功的往往只有一個，這是普遍的現象。

為什麼必須要想出很多的構想呢？失敗者的特徵就是因為他們一有想法時就付諸實現。在市場上實際運作後，可以成功的想法，十個裡面只會成功一個。若是失敗的公司就更別提了。若沒有將這個數字觀念放在腦袋裡，想法貧乏的公司可能就會將僅有的三個想法全數開發，而花費過多的開發費用。然後再將東西全部丟到市場上，形成過大的市場成本，最後以失敗的結局收場而退出市場的例子相當多。如此，不論作什麼都失敗，因此人們漸漸地不敢嘗試新事物，社會就變得像植物人一樣。

在篩選想法時，盡可能有技巧地篩選以節省成本；若不懂得篩選，則愈花費成本費用。因此，若不是針對有技巧性篩選過後的重點進行開發的話，就無法成功。不會篩選肯定更無法成功，因為還會花上一大筆市場費用。因此，想法貧乏的人，一旦覺得自己想法不錯時，總是會到最後都還苦撐在那裡；而開發型的人則會緊緊抓住覺得不錯的想法而離成功之路不遠。

看看比爾．蓋茲等人的例子就會發現，嘗試後失敗馬上放棄轉向其他，不論是嘗試錯誤的速度轉換，以及想法的數量絕對多到讓人驚訝。或許也有盜用別人的想法，但是只要速度轉變夠快也有可能會成功。

蘋果電腦也曾有相同的構想，但卻被蓋茲搶先一步執行而後悔不已，終究在市場上獲勝者才是真正的贏家。總之，要讓一個構想得以成功的初步階段構想，大概需要一千個以上。

雖然現在我所說的並不適用於所有的事業，但是孕育出構想的力量是非常重要的。我要再次強調：思考貧乏的人往往覺得自己的想法正確，並且堅決到最後一刻而使得失敗的可能性相當高；相反地，可以想出很多點子的人，只要研究如何篩選，其成功的機率就相當高。

大企業可以說是一個封殺構想的機器，從結束開發到推出市場中間的系統，雖然比較完備，但在研究開發階段中篩選構想的部分就顯得遜色。雖然不理想，但因為已經具備開發體制了，所以一旦開始進行就無法終止；這就像拿到預算只好把它用掉的公家機關一樣。大企業必須具備的應該是快速地產生出點子，並且是大量的點子，在觀察必要及充分條件的同時，找出是否可以在市場上成功的東西。

若想成為創新者，就要訓練自己養成這方面的能力。就如同前面所述，只要多加訓練就能進步神速。也許這世界上確實存在天才，但真正好的構想或是在這世界上成功的新事業，並非全都是天才所成就的。只要訓練就可以使能力迅速提升，所以最重要的就是避免在知識上的怠惰與偷懶。

我還是要再次重申，最好的方法就是拋棄學校教的學習方法，也就是背誦答案的讀書方式，自己對自己提出問題，然後自己尋求答案。若找不到答案，就先寫下來，有時間再拿出來重新思考。反覆做這樣的練習，必須要像牛反芻一樣具有反覆不斷的耐力。訓練出這樣的頭腦是十分重要的。

大家都贊成的構想平凡無奇

一九九五年在日本網路已經發展到一點五MB的ISDN網（撥接式的數位式多功能公眾通信網路）。不止於此，數位通訊相關產業更是發展事業機會的寶庫，所以多多少少要具備這方面的基本知識。

如果一點五MB的ISDN普遍被家庭利用，可以成就多少的新事業？包括大家提到的隨選視訊系統（video on demand）等其他事業都將變成可能，但是我當時卻不認為會這麼簡單。

我的想法是：首先，在各個家庭設置ISDN網，必須要花費多少成本？事實上，答案是六十兆日元。如果平均每一個家庭就要負擔將近一百三十五萬日元的撥接網路建置費，我想大家寧願選擇到影片出租店花三百日元租影片回家看吧！

假設政府讓步，將ISDN網的整備費用全數由稅金負擔，而這方面資金的回收，也等於強迫消費者每看一部影片就要支付幾千元的費用。像這樣的情形一點也不經濟，因此，在這當中悄悄誕生了更便宜的ADSL等連線方式。

例如現在日本家庭戶數約有四千五百萬戶，要將這個數字牢牢記在頭腦裡。單女性

（六千四百多萬）就超過總人口數一億二千六百多萬人（二〇〇五年九月確定值）的半數，單身家庭約占總家庭戶數的四分之一。有志於創業的人，必須先記住這些數據，一旦腦中閃過什麼念頭就能夠馬上換算出市場規模。

有了這樣的習慣，要成為事業家的可能性就比較樂觀。假設要推出一項商品，在計算基礎下必須要有一百萬名顧客才行。聽到一百萬是個相當大的數字，但是用四千五百萬戶家庭數來看，不過只有二點二個百分比罷了。也就是說，只要詢問五十個人，其中一個人認為可行，那麼這個事業就有可能成立。

事業剛開始最常陷入的迷思就是，詢問五個人的意見都說不可行時，馬上認為不具可行性而放棄。創業家的話則是，詢問五十個人後，只要最後有一個人給予極度肯定的答案，就會當作是事業的機會審慎思考。大部分的創業家都是這樣開始的。一件商品假設價錢定在四萬日元，預計會有一百萬顧客上門，因此一百萬人就有四百億日元。只要營業五年的時間，就可以是年營業額八十億日元規模的事業。

大家都認為了不起的構想，反而事實上並不怎麼有機會。假設十人中贊成的不超過一人，以日本總人口數的十分之一而言，就是一千二百萬人。想要成功，只能從瞬間變化的構想當中，找出一記漂亮的安打或是揮出能扭轉局勢的滿壘全壘打。

請學通加減乘除

數學再怎樣好，其實只要有小學程度的加減乘除就足夠了。我在研讀原子力工學博士班時學過相當困難的數學和物理，進入經營顧問這行後，除了加減乘除以外其他都沒有用過。在這世界上，不會減法和除法的經營者很多。很多人往往不在意歲入都比歲出高，所以官僚和政治家們也都不會減法。

要成為事業家，就要會加減乘除，並且將剛剛提到的數字觀念記住。雖說是龐大的數字，但要記住並不難。關東圈的人口有三千三百萬人、東京都有一千二百萬人、關西圈有二千萬人、關西全體的GNP有六千億美元，將這些數據記住，在電車中用心算的方式來進行思考，在盤算的過程中就會體會出一些比較現實面的部分。到了公司後，再將剛剛所計算的數字寫下來。

四千五百萬戶家庭，花費六十兆日元設置廣域的ISDN，不論做什麼樣的服務都無法成立任何事業，這是用除法馬上就可以得到答案。若仍執意執行，很明顯的因為政府不是商人，將來一定會變成第二、第三個國鐵或日本道路公會一樣的情況。納稅人現在若不反對的話，將來一定遭殃。這麼大筆的數字算一算就知道；更重要的是，設置到家庭的光纖網，絕對無法對抗錄影帶出租店三百日元程度的價格（要是換成DVD後會更便宜）。若先將這些龐大的數字記住的話，就可以一目了然而不至於造成困擾。要成為事業家，除了要訓練破除思考障礙外，應該還要再加上這種數字換算的訓練。

現在讓我們轉換一下思考的角度，是否有不需花費六十兆日元，而能提供影像軟體的方法呢？

答案是肯定的。例如，每年花費六千萬日元，就可以利用通訊衛星方式擁有一個頻道。澳洲媒體巨擘梅鐸（Rupert Murdoch）據說思考出可以從一個衛星就有五百個頻道轉播的方法，所以一個月花五百萬日元，你也可以擁有一個頻道。

接下來事業的機會，就有如排山倒海而來，其中之一就是利用衛星進行通訊販賣。事實上美國的QVC電視購物台還有澳洲的價值電視台（Value Television）已經開始有二十四小時的電視購物節目。在赤道上有一個泛美衛星（PanAmSat），可以涵蓋整個太平洋周邊的各個國家，想要販售商品的人，利用這個頻道，使用日文、馬來語或英語，就可以將公司的商品跨越國界進行販賣。目前收視戶在太平洋周邊有一百萬人次，但是總有一天會持續擴大到一千萬人次，甚至可能達一億人次。

在日本因為有大店法（大規模小零售店法規）所以存在許多的限制，但在亞洲及太平洋周邊各國的消費者收看購物頻道，一有喜歡的東西，透過電話使用信用卡就可以消費，儼然已經成為這種消費型態的世界。空有商品沒有通路，或是批發商不感興趣的情形下，只要改利用這樣的頻道進行販售即可。租用一年要花費六千萬日元，假設只利用此頻道三分鐘的時間，每天播放一次，很簡單就可以計算出一個月所需要花費的成本。

現在電視上的廣告成本費用相當高，短短十五秒的時間要重複幾次商品的名稱實在很困難，如果改為利用購物頻道的話，花上十五分鐘詳細解說商品特性也只需要相對低價的成本。美國QVC頻道已經有數千萬人次加入；在日本的話，等政府的認可下來將之普及化只是時間的問題而已。數位通訊革命到底可以帶來些什麼，若只是讀死書，是搞不清楚哪些已經實現、而哪些還是夢想。我們應該還要多多學習。

誰說平面媒體完蛋了？

雖然之前曾說鋪設光纖到每戶家庭是幻想，但現在這也是將夢想實現的一個例子。光纖社區（Fiber To The Curb, FTTC）的發想，就是將光纖不僅鋪設到家庭，甚至將光纖拉到各個道路邊。在道路邊設置ADSL的裝置後，利用現有的電話線就足以傳送影像，並且是雙向傳送。利用這個方式其公共成本僅僅只需撥接式網路的六分之一。從道路邊到家庭的這部分，只要由受益者負擔即可。因此不久的將來，將一百五十ＭＢ的導管引進家庭的可能性十分值得期待。

一百五十ＭＢ就好比用攝影機拍攝人物時，可以清楚看到毛細孔程度的解析度，並且可以即時（real-time）傳送到對方的容量。過去六十四Ｋ傳送的電視會議影像實在令人無法恭維，對方微笑或傳達聲音，總是在數秒之後才接收到畫面，鮮明度也不夠。

如此龐大容量的光纖網路可以利用在哪方面呢？如同剛剛提到的影帶出租店，接下來在娛樂錄影帶事業中也將愈來愈難生存了吧！當衛星頻道增加至一百個頻道時，一定會出現幾個專門播放電影的頻道，成本較高的隨選視訊系統將不再受到青睞。

我所關注的是將報紙或雜誌上的新聞付諸於影像的系統。在技術上，將平面媒體利用超高的解析度快速變成畫面的可能性相當高。早上的報紙或是在車廂裡出現的雜誌廣告，真正會將整份報紙或把雜誌整本看完的人，我相信少之又少。我想比較多的情形應該是，看其中某幾個報導或是雜誌中某些圖。若這樣的系統可以實現，就可以將自己想要的資訊從週刊或是月刊這些幾百本的雜誌中下載到自己的電腦。這樣的商業行為一定可以成立。

一旦實現後會發生怎樣的事情呢？例如，現在日本的《週刊POST》發行八十萬冊、《週刊現代》六十萬冊，而且每星期所銷售的數字幾乎差不多。若這個系統的會員人數增加的話，像剛剛所描述的組合式閱讀方法，雜誌的銷售雖然可能降低至五十萬冊，但是閱讀過某篇專文的人卻可達一千萬人次，這是可以被實現的一種方式。

至於收費標準，可以設定為一般內頁一元、專文三元；專文的部分，則分別分給作者一元、出版社一元、媒體公司一元。如此一來，假設有一千萬人利用這個系統，那麼各自就有高達一千萬日元的收入。現在看過就丟的週刊雜誌，只要從其中一篇報導，就可以賺進這麼多錢。

現在的出版社，若發行六十萬冊的雜誌，想要再增加發行一萬冊都得非常辛苦且不易達成，但是若這樣的系統一成立，不單單雜誌本身的營業額外，還可以增加各個報導的收入，確實可以提升整體的收益。作者的部分也是，原稿四百個字換得一張鈔票的時代，雜誌再怎樣大受歡迎酬勞也不會有所改變。但接下來若是寫出好的內容，幾十萬人，甚至幾百萬人閱讀此報導的話，這將是多大的一筆獎勵金，相信就會更努力寫下一篇更好的專文或報導。如此一來，所刊載的內容品質也會大幅度地提升。

讀者的部分，一篇報導只需負擔三元，每星期就可以閱讀無數篇的報導。假設從十本週刊選出十篇報導來看也不過只花三百日元。這是你購買一本雜誌的費用。如果費用是如此低廉，而利用人數眾多的話，絕對可以成為一項新事業；甚至在這背後隱藏著更大的事業機會。

贏家通吃、老二走路

以往所製成的商品或服務為了廣為人知，需要相當大的宣傳資金，而現在就可以大幅降低成本了。還有，如何幫助其他行業使其成本降低，也可以成為另一項新的事業。

現在，全國性的升學補習班中最受歡迎的高中數學明星老師，年薪可以超過一億日元，這種現象是一種世界性的趨勢。以前只有好萊塢的明星才有可能賺進幾億日元，現在麥可．喬登和老虎伍茲的年薪都超過幾十億日元。那是因為運動儼然已經成為一項娛樂事業。喬登的比賽，全世界的人都在觀看，平均每個人雖然花費不到一美元，但因為觀賞球賽的人數眾多，即使用十億日元簽下麥可．喬登，往後的收益絕對遠超過付出的成本。

補習班的講師當中有人年薪一億，那是因為他具有相當的實力。若是可以將上課的情況透過衛星讓全國的學生收看，那麼將不再需要第二名的老師了。這是相當重要的觀念，數位通訊革命的本質就在於只要第一名，第二名以下的完全可以捨棄。老師這個職業，只要有幾位優秀的老師，透過衛星或網路教學，像那些依據指導要領、忽左忽右的老師就可以收拾教鞭改做他行。

我曾協助馬來西亞的教育計畫制定方案，在那個計畫當中，甚至已經有個主題是如何安排第二順位以下老師的工作內容了。

馬來西亞前任總理馬哈迪（Mahathir）說過：「馬來西亞所有的孩童，都有接受來自最優秀老師教學的權利。」他甚至因此改變法律，將教學由馬來語改為英語來進行。原因是最優秀的老師，會講馬來語的可能性比較低。因此，將教學改由英語進行也未嘗不可。這個國家從一九九五年的夏天開始，小學的第一語言已經改為馬來語或英語，其結果就可以從美國的衛星上接受例如彼得．杜拉克的教學。

像這樣的教育關係也將因為數位通訊及網路而引起大的變革。競爭激烈的補習班會起頭進行，到時候會發生收看了優秀老師的教學後，那些稱不上優秀的老師就會被自動淘汰。補習班為了不讓名師流失跳槽，自然而然會願意出一億日元以上的高薪留住人才。換算像這般人物所擁有的經濟效果，只要存在絕大多數人觀看的話，其經濟價值就會被重新評估。

若能了解這部分的道理，不論是教育、育兒、企業，或是購物等等不同的領域，其事業機會必定接踵而來揮之不去。

以郵購的領域為例，美國的艾迪．布爾（Eddie Bouer）、專賣戶外用品的賓氏公司

（LL Bean）或是陸地盡頭公司（Lands End），在日本雖然沒有據點，但是都是創造出營業額一百億日元以上的通訊販賣公司。郵寄型錄、利用傳真、能夠說英語的就利用電話，或是使用電腦下訂單，然後透過UPS等其他國際性宅配服務運送貨品。運用這樣的方式，即使沒有店面也有可能創造一百億日元以上的營業額。

無國界時代的商機

無國界時代的商機最明顯的就是電話回覆系統（Call Back System），其中一個例子就是經由美國的亞特蘭大來撥打國際電話。利用這項服務，明明特地經由亞特蘭大，但不論是撥打到亞洲、澳洲或歐洲等地，電話費用都比從日本直接撥打要來得便宜。甚至費用差距最大的地方可以達到三分之一，幾乎平均都可以省下一半的費用。與日本基本的通話費用以三分鐘來計算，這種方式是以一分鐘為計算單位，所以短時間的通話則更加節省費用。現在大約是一分鐘四十日元，比打日本的國內長途電話便宜。

為什麼可以提供這樣的服務呢？因為這家公司（World Link）擁有國際專用電話線路。利用這條線路，可以從日本撥打直撥電話，費用採對方付費制，所以資料會傳送到目的地。之後，費用的部分再從使用者的信用卡結算即可。

這樣的服務可以增加很多的附加價值，例如可以集合世界不同國家的四至五人來共同舉行國際會議。另外還可以作為語音電子郵件，也就是留言板的服務。不論是在日本國內或前往亞洲旅行，只要在這個電話號碼裡告知可將留言傳送過來的訊息，對方就可以取得傳真。相反地，自己撥打電話時則會聽到「您收到一封傳真，請輸入傳真號碼」，接下來只需要回覆你所在位置的傳真電話號碼，在那瞬間就可以傳回所寄放的傳真，是一種替代祕書功能的方式。

利用方式是先撥打當地通信業者的代號，然後出現接線生，對他說出你想要撥打直撥電話，並且告知對方電話號碼。若是透過亞特蘭大的方式，則說出自己的姓名、信用卡卡號及有效期限，然後說出密碼後即可利用此項服務。下次再使用時就會直接轉到國際專用電話線路，只要輸入密碼即可享受通話服務。這樣的服務在美國可行全拜通訊法之賜。

最初利用直撥電話時，不會說英語的人只要能夠說出「Japanese」即可。隨後就會出現日本人的接線生。或是在撥打時發生疑問，只要輸入某個號碼，也會出現日本人的接線生。實在非常感激有這樣的服務，但事實上這些日本接線生是住在日本當地，只是透過亞特蘭大利用專用線路再回傳到日本這個地方。

日本和美國之間的這部分國際專用電話線路，由這間公司租借後買斷。所謂專用線路就是無論使用幾次、或是在任何地方都是相同的價錢，因此在日本的接線生雖然經由亞特蘭大來接聽，也不會增加成本。因為有美國這種類似游擊隊方式的公司，所以受到強制規定下的日本電訊事業將會趨向空洞化。明明知道使日本產業空洞化的是美國，卻為什麼還一直往美國方向前進？舉這個例子是要讓大家知道，這樣的時代已經來臨。

當年我在參選東京都知事時，提出當選後都廳的服務時間可以延長為二十四小時，並且全年無休的政策。東京下午五點是倫敦的早上九點，都廳只要架設一條到倫敦的專用電話線路，在倫敦工作的上班族的太太們，就可以在日本的晚間時段提供服務。駐外上班族的妻子都很優秀，只要經過都政府稍微訓練，應該就可以在另一頭的端末進行各項的服務。接著，倫敦到了下午五點後就是洛杉磯的早上九點；二十四小時內一直就會有醒著的人提供服務。因此，只要都政府用低廉的成本架設一條專用線路，就可以進行二十四小時無休的服務。

從這個例子我們知道，將數位通訊革命作為前提來思考，就會存在無限可以成就的商業行為。在紐約的七萬名日本駐美人員的妻子們苦於沒有工作，而這些人應該可以提供他們對社會貢獻度更高的工作，單朝這個方向進行思考就有很多生意可做。地球不斷在運轉，在日本因為超時工作必須支付加班費的現象，會因為數位時代而消失。

現在一流的企業幾乎都有自己的世界專用線路。在世界的各個角落都是使用內線一樣程度的成本。所以政府也持有自己的專用線路，不會是一件不可思議的事情。

只要有幾間的風險性企業買下遍布世界各地的專用線路，應該至少會有五間甚至十間的公司利用這線路抓住做生意的機會，屆時就會出現許許多多的商機。

競爭並不是卯上對手

思考戰略的重點有三個C。首先，第一個也是最重要的C就是顧客（Customer），第二個C是競爭對手（Competitor），第三個C是企業（Company）。在擬定戰略時，必須將這三個C加以組合；也就是我們可以將此戰略定義成：「對於客戶的需求，要能持續提供比競爭對手相對更優異品質的商品及服務。」

有人在擬定戰略時是針對競爭對手而非顧客為目標，這是沒有意義的一件事情。雖然戰勝對手，但顧客不見得購買你的商品；還有只以顧客為本位主義提供好的商品，卻忘記防禦競爭對手而慘敗的案例；另外對顧客及競爭對手都經過深思熟慮，但卻忘記為公司創造利潤的經營者也不在少數。

總之，要適當地取得三個C的平衡來對顧客的需求擬定最好的戰略，這才是戰略的真諦，並且應該要記得重點是「持續」。

在瞬間戰勝是任何人都可能辦到的事情，如何將之持續進行的方法才是戰略。就展開戰術程度而言，讓顧客驚奇而購買商品或是打敗競爭對手獲勝的，都不具備持續性，也稱不上是戰略。

之前，日本之所以陷入景氣低迷是理所當然的事情，就是因為過去的日本企業十分高傲地認為只要做就能成功，亦即所謂的「Can Do Mentality」這種思維方式。我曾經透過著作，或實際透過服務客戶，提攜了無數的新事業及商品的開發，《新・企業參謀》（商周出版二〇二〇年八月改版）著作中，有詳細記載我當初的思考方式及經驗。

在那本書中有提到軟片及照片的例子，接下來用前面提到的三C來做說明。當時的相機時代是從古老機械式相機即將轉變成為單眼相機的時代，所有的廠商都拚命鑽研如何製造好的單眼相機及開發出更好的軟片。

當時我向相機廠商提出我的疑問，「顧客是真的想要買一台很好的相機嗎？」也就是第一個C的觀點，然而相機廠商始終沒有想過這個問題，只是異口同聲回答我，他們公司的相機是世界第一。

我則繼續提出我的看法：「相機應該是一種手段，目的則應該是照出好看成功的照片才對。而其中影響的因素為何？是相機、軟片、沖洗、相紙，還是照相人的技術問題？」沒有人做出回應，反而認為我怎麼會有這樣的想法。結論是，廠商製造好的相機，從照出成功照片這個目的來看，不過是其中的一個環節罷了。不管是Nikon或是Canon，其實並沒有很大的差異。

之後，我們實際到顯像室去研究成功和失敗的照片。在顯像室裡分析一萬八千張洗出來的照片，失敗的相片約占百分之八；其中包括軟片沒有轉動、新婚旅行照出來卻是一片漆黑的失敗作品。在分析失敗照片的過程中，我們得知失敗的原因絕大多數與相機無關。與相機相關的，像是曝光不完全，或是光圈過大、時間過長導致曝光過度的失敗等。這是因為有很多人不懂距離、曝光及按快門速度之間的關係。

也知道有很多人在室內拍照或天氣變暗時，才發現閃光燈放在家裡忘了帶出來。另外也有很多是沒有正確使用閃光燈的情形。

另外一點，從一萬八千張照片中發現，大家會依據軟片的種類來區分使用。在當時有十二張、二十張及三十六張三種軟片。買十二張軟片的人，幾乎都不會全數照完。只照需要的張數就直接拿去沖洗。買二十張的人，一定全部照完並且想要再多拍一兩張。而三十六張的人，大部分用於拍攝記錄小孩的成長照片，或是結婚時使用，常常會發生一次沒有照完，後半卷底片的內容已經是不同季節的影像了。於是我所提出的疑問是，由此可以發現二十張明顯不足，而三十六張又太多，為何沒有二十四張的軟片呢？沒有特殊理由，竟然只回答我因為製作軟片的第一大公司柯達公司沒有二十四張的軟片。當我再追問是否是因為製造設備的關係只能出產二十張的軟片，而我得到的答案竟然是「沒有問題」，增加四張變成二十四張的成本不過多花「一元」。

隨後，二十四張的軟片得以商品化。由於原本賣得最好的商品是二十張的軟片，所以二十四張推出後理所當然銷售很好。競爭對手馬上跟進，幾年後連柯達公司也不得不賣二十四張的軟片了。現在，在世界各地賣得最好的還是二十四張軟片，而這個改革就是從分析一萬八千張照片開始的。

相機的部分則是開發了現在看起來一點也不覺得特別的內附閃光裝置的相機，而這項進步是因為忘記帶閃光燈的人太多的緣故。

另外，為了怕照完忘記捲回底片而有自動回捲功能，以及對於ＡＳＡ感度（美國規格協會制定的感度標準）自動調整等等，從一萬八千張照片的分析，在當時就湧現出約二百個新構想，後來絕大部分都付諸實現了。因為有人覺得調整焦距很麻煩，所以開發了世界上第一台自動對焦相機。在那之後，成功開發出三十吋以上距離符合全部焦距的塑膠鏡片，而後有拋棄式相機的發明。因為顧客心裡想的是要照出好看的照片，而不是要求一台好的照相機。

以上便是我在《新．企業參謀》中詳述的成功個例；戰略自由度就是針對顧客的目的，拋棄既有的概念來做這種具有自由度的徹底思考。如此一來，無論是針對相機來做改變，或是沖印相紙、軟片，甚至於提升客人的技術，就會出現很多可以選擇的方案。若沒有戰略自由度的思考，就只會陷入如何改善相機這樣一個狀態的狹隘性思考。

我也有協助過冷氣機的開發工作，最容易犯的錯誤就是，廠商總是認為顧客需要一台好的冷氣機。事實上並非如此。顧客所需要的並非一台好的冷氣機，而是舒適的室內環境。所以，冷氣機並非目的，只是一種手段而已。

若站在剛剛所提到的戰略自由度的思考方式，光降低溫度是不對的，還有必要開發降低濕度的除濕方法才符合消費者要求。因為濕度下降證明可以減低體感溫度。對於討厭室內冰冷的人，這種除濕機賣出不少。類似這種狀態，煮咖啡機器也從過濾咖啡壺變為AV機器式。包括照相機在內，當時只要到電器賣場走一趟，從陳列品中就可以看到很多我參與開發的商品。

重新組合就是發明

我覺得徹底追求顧客真正需求而失敗的事業家是不存在的。三個C當中，尤其以顧客最為重要。絕大部分的經營者總是盯著競爭對手，然後再想若依照自己的技術可以做些什麼，這是錯誤的發想順序。首先必須要思考顧客的需求才對。唯有記住這點，才能夠成功擊中新事業的構想。對於現狀不滿的顧客永遠存在，雖然有時顧客本身並不自覺，那也是因為不滿的事物實在是太多了的緣故。

對於只要推出好的商品就購買的顧客而言，也會發生消費者根本說不出購買的理由。因此，面對顧客如何提出問題也是需要技術的。「這位太太，關於新商品的構想，我們會全力以赴符合您的需求，請告訴我您的一兩個想法。」這是最笨拙的詢問方式。「對於這台洗衣機，有沒有什麼不滿意的地方？」提出這樣簡單的問題後，你可能也只能得到「還不錯」的答案就結束了。

必須提出具有討論性質的疑問，像是「您真的覺得這樣的商品就可以滿足您了嗎？再稍微想一下吧！」「若推出那樣的商品，您覺得如何？」「如果有可能實現那樣的商品，您會怎麼做？」必須提出類似「如果」這種假設性語氣的字眼。一起進行現場調查，有提問技巧的人和不善於提問的人就會有天壤之別的差異。有志於創業的人，也要銘記此點。這是一項技術，要會善加利用，就必須體會出發掘新事業的有效問法。

奧地利一位有名的經濟學者熊彼得（Schumpeter）曾說過：「絕大部分的發明是組合而成的，藉由將現有商品重新組合就可以發明出新商品。」這是真理。因為真正的獨創構想，並非簡簡單單就能出現。

以前只要說到啤酒，就只會聯想到棕色瓶身。我曾經在雜誌中寫過，利用TPO（時間、地點、場合）三要素將內容物和容器做矩陣式排列，光這樣做就可以在多樣化的鋁罐中做出這麼多的變化。這並不是什麼新的做法，只是將啤酒和鋁罐做組合排列罷了。當時，四家啤酒公司就有三家要求我提供更詳細的內容給他們。其實這只不過是個星期天我在廁所裡想出來的一個簡單想法罷了，要我告訴他們詳細過程實在有點傷腦筋，總之因為有以上的故事，所以誕生了令人眼花撩亂的各種鋁罐。以戰略自由度作為前提之下，類似這樣將既有商品重新組合的發想方式非常重要。

我的另外一項專長就是剔除掉重複功能。

舉一個成功的例子，就是家庭劇院系統。在七〇年代的後期，當時分析家庭的客廳發現，各個家庭幾乎都是有收音機、立體音響設備和電視。光喇叭就有三組，而明明立體音響設備的擴大機比電視的性能還好，但是消費者在看電視時，只會利用電視的喇叭將聲音傳出來。因此，我提出將各個設備分解，重新組合成不會重複相同功能的組合方案。剔除掉重複的部分，組合成最理想的方式，不論是性能或是價格都能符合消費者的需求。後來我將這個想法發表在《總裁》（President，一九七九年十二月號）雜誌中，很多公司的開發人員飛也似地前來找我。而在今日，劇院系統是一種常識，但在當年並沒有將電視機只當成螢幕的思考方式。

最重要的是，對於新商品發想的方式，若抱持著疑問來看現今存在的商品，可以很驚訝地發現，尚有很多商品都是不完整的，是完全無視於顧客需求，並且只以推出廠商為主要思考角度的商品。有志於創業的人，若想要拯救這種現況的話，隨處都是機會。

喜歡，能讓你不畏失敗

其實，我唯一的工具就是詢問「為什麼」。明明是相同的商品，「為什麼」會有銷售很好和賣得不好的銷售員；在東京賣得好，但大阪卻賣不出去是「什麼原因」。一直持續思考這樣的問題，答案就會慢慢浮現出來。

然後，解決這些疑問的方式並非理論而是「觀察」，就是現場研究（field work）。舉銷售員為例子，就讓銷售業績好跟業績差的營業員一起出去，就可以看出他們之間的差異。去除原有的想法和既定觀念，也就是唯有破除思考障礙這個方法才能成功，而最糟糕的就是「只打算知道」的想法。

身為創業家若不具備求知的好奇心就完蛋了；換句話說，就是只要在自己感到興趣的領域，就有可能成功。NIKE的創業者菲力浦·奈特（Philip Knight），到現在仍受到很多公司的邀請，甚至有出價幾億日元的某電機公司，想請他出任管理顧問，但仍遭到拒絕。理由很單純，就是因為他對於電機方面沒有興趣。若是運動領域，因為有濃厚的興趣且關心度高，所以自然會湧現出許多的思考與想法，但是電機方面似乎就無法刺激奈特先生求知的好奇心。

這一點，不論在思考要從事哪一項新事業時是相當重要的。就像奈特先生笑著說：「例如若想要從事餐廳相關事業，要是不能認受一天有二十三小時都待在廚房的話，最好放棄。因為喜歡，所以即便失敗也不會因此而放棄。」真是覺得所言甚是。

因為是事業，所以也會有失敗的時候。我在參選東京都知事中也有落選的經驗，如果畏懼失敗的話，大可不必參選。世界上有太多經驗是因為遭受失敗後學習得到的，如果不喜歡嘗到失敗的苦果，那麼最好別當創業家。因此，反正都要嘗試的話，就應該選擇能夠激發起求知好奇心的領域來進行。我是一個喜歡改革經濟行為及社會模式的人，所以即使可能會落選，也都要參選。認為失敗是件可恥的事情，那麼這個人就不適合當企業家，當然更當不了社會改革家。

改變國家需要有傑出的企業家不斷出來破壞既定的秩序，所以藉由閱讀此書，若能多增加一位致力於成為創新者的話，那麼國家就可以朝向「好的國家」邁出一步。

第二章

答案不只一個，請思考

事業成功的關鍵──創新

我曾經收到母校麻省理工學院寄來的信，寄信者是校長查爾斯．韋斯特（Charles Vest）先生，內容是一份標題為「創新與經濟發展」的報告。提到由麻省理工學院畢業的人所開創的事業或企業在全世界約有二千五百家，總計超過四十兆日元的事業規模，這是一份關於這些事業目前在全美或是全世界如何發展的追蹤調查。

結論是，從ＭＩＴ畢業的數萬名畢業生，在世界各地的技術工學相關事業中，扮演相當重要的角色，而這些事業的發展以及事業成功的共同關鍵就是「創新」。

提到創新二字，一般往往只會想到技術方面的創新。但實際上，經營系統、雇用人才以及溝通方法等，凡是在所有經營領域中未曾有過的思考方法或做法，皆可納入創新的範疇中。

相類似的名詞有「發明」（invention）、「發現」（discovery），前者是發明出以往所沒有的事物；後者則是發掘出以前就已經存在卻不曾被發現的事物。相對於這兩者，創新可以被解釋為用前所未有的方式進行。

以往ＭＩＴ引以為傲的是比較偏向工業所有權及特許權方面的創新，例如眾所皆知的拍立得（Polaroid Camera）及伊士曼柯達軟片等領域。但是，這次細追畢業生的發展足跡，得知許多人成就事業，針對其成功的原因進行分析後，發現共同的特色就是創新，也就是說，他們運用前所未有的方式展開事業的開發。同時若推算規模的話，竟然高達年營業額四十兆日元。

關於思考的方式或是做法，不能推說因為不是技術業者所以不懂得創新。例如贊助我一個節目的廠商樂清（Duskin），因為在替換式的拖把上成功添加化學性吸著劑而一舉成功，一九九七年的年收五千億日元，並且無任何借貸方式之下經營，在經銷權（franchise）事業中成為前所未有、具世界規模的公司。類似這樣的公司，現在正受到各界的矚目。雖然非高科技商品，但不論是工作的方法或是模式，隨處都可以看到創新。

我擔任董事一職的ＮＩＫＥ公司也是因為創新了輕便型運動鞋而突飛猛進。該公司創新的重點，首先由美國的總公司進行商品開發，製造的部分則全數交由在亞洲約四十間簽約公司的工廠進行製造。這些公司的機械透過終端控制裝置可以分毫不差地運作，並且利用及時化生產（just in time）的方式來進行製作商品的控管。

後來，輕便型運動鞋的生產銷售已經無法創造出很好的利潤，日本的運動用品廠商對現狀一籌莫展，但ＮＩＫＥ則發展出「氣墊（airmax）」，半年後的生產量早已預約銷售一空。而其間差異之處就在於，NIKE公司是一間努力思考「為特殊對象製造特別的商品」的公司，這就是運動行銷（sports marketing）。

NIKE找世界上最優秀的運動員，並且開發符合此人需求的鞋子。例如麥可・喬登為了灌籃非得做騰空跳躍動作，而一般普通的材質根本無法辦到，因此提出在鞋子裡加入空氣構造素材的提案。透過不斷開發提高機能的結果，開發出可以誘發提升喬登跳躍能力的運動鞋。

在繼續追求機能的情況下，發現讓運動鞋除了機能外也可以有更多漂亮的造型。不單講究流行感，同時追求機能性，所以對於年輕人而言，認為比起追求流行品牌的鞋子，NIKE運動鞋的設計反而更好。雖然不至於都是穿來灌籃用，但普遍偏愛穿NIKE的鞋子。因此，完全不打折促銷的NIKE鞋款，仍然可以在年輕消費層中大受歡迎。

同時這種現象在全世界都是一致的。在衛星電視時代，世界各地的人在不同的時空幾乎可以同時成為老虎伍茲的球迷，或是欣賞麥可・喬登的英姿。

核心技術——你毋需什麼都做

現在，在日本擁有最高股價的基恩斯公司（KEYENCE，譯按：FA工廠自動化生產用高精密感測器的製造商）也是一間身為廠商但沒有自己工廠的公司。最近日本流行一個新名詞「fabless」，也就是沒有工廠（fabrication）的意思。

也許有很多人會認為，若沒有工廠就稱不上是公司，但事實上並非如此。公司比較狹隘的說法是：「將左手邊人手中的東西轉換到右手邊人手中的買賣行為。」然而基恩斯公司對於「要製造出什麼東西」，在此領域中比任何人都更加清楚，比任何人都知道應該如何做。因此只是居於指導的位置，本身並不經營工廠。因為他們想要在全世界最合適的工廠進行製造，而最合適的工廠是會隨著時間而變化的。

例如若考慮人事費用（固定費用）、技術能力和所處位置條件的話，當時最適合生產機械的地方是波蘭附近，這是在一九九二年前任何人都不會考慮到的地方。例如在技術能力較高的捷克和匈牙利這一帶，時薪不到二塊美金（二百五十日元）。在日本速食店打工的高中生，一個小時至少也要七百五十日元以上。

所以創新者必須把握「自己想要做的商品」和「製造方法」。「核心技術」就是能夠成為一把事業鑰匙的經營技術；只要握有「核心技術」，其他就可以委託給第三者（out sourcing）——將自己不會的事情委託給其他世界上最厲害的人。就NIKE的例子而言，其核心技術就在啟動運動行銷與契約工廠間的know-how。

想要創業的人，不要把過去的大企業，例如十九世紀型企業，將一貫作業生產公司納入集團中的日立製造公司或東芝作為模範。最好不要考慮成立從零到一百所有的作業全部都在內部執行的公司。倒不如認真思考自己到底想要做什麼，並與那些有能力將想法整體呈現的人共組成一個網路，這個像蜘蛛網的網絡稱為網路型組織。善於運用這個網路型戰略（web strategy）後，就會理解自己應該掌握住什麼。

因此，屬於行為部分的生產就交給第三者。以前所謂的廠商就是「製造」，企業就是「買賣」，像這樣的概念接下來就要改觀了。

例如，販賣五金工具和工廠自動化（Factory Automatian, FA）機器用零件的三住公司（MISUMI），號稱自己的公司是可以決定顧客需求的公司，就是所謂的「Customer-Out」，藉由顧客的角度來發想，認定顧客若有這樣的商品會是最好的，因此引進世界各地最優良的商品。而具備這項技術的三住公司，就像是一間公司中的購買部門替代了顧客設計部門功能的企業。

今天，傳統型態的公司陷入苦境，因為伴隨著網路時代的來臨，仲介業性質的企業將不具存在價值。相反地，如三住這樣的公司，將重點放在如何為顧客找尋最優越的商品指定製作廠商，如此具有核心技術的公司，在接下來的時代才有可能繼續成長。

你也可以打敗巨人

我畢業後的第一份工作是在日立工廠，進入公司時，同期約有一千人左右。我們是在大學裡被招攬的新進社員，每天必須在八點之前進公司。打卡之後默默工作，一直等到四點四十五分左右的鐘響後才能下班。那個時代是偶爾多加班二至三小時領取加班費用，或購買家電用品來取代獎金，也就是將身體貢獻給公司的一個時代。在公司被時間所束縛，一天之中做了多少的事情，並不會被列入業務的評價考核。這就是我所知道的「十九世紀型」工業化社會中的企業型態。

基恩斯和ＮＩＫＥ在這部分則截然不同。ＮＩＫＥ是一間上班時間絕對彈性的公司，幾點進公司都不受限制，工作告一段落後，還可以到公司的健身房去運動。如果在那裡遇到菲力浦．奈特社長也不用覺得驚訝。

公司在晚間也不關門，員工可以在自己方便的時間前來工作。由於就像在大學一般自由，所以員工都稱公司為「校園」。正因為奈特社長畢業於史丹佛大學商學研究所，果然可以將公司的氣氛塑造成如同校園一般。

另外，銷售出電玩「太空戰士（final fantasy）Ⅶ」三百萬片好成績的史克威爾（Square

enix）遊戲製作公司，一天中只要有五分鐘待在公司就算出席。依據階層的不同，多者可以有一年中長達三分之一時間的長假，出國旅遊甚至可以向公司申請費用。正因為是需要創造性的工作內容，因此可以這樣具有彈性。該公司甚至認為不懂得玩的員工一定開發不出好的電玩。

這些企業的向前邁進，意味著隨著社會轉變為資訊化社會及網路社會，企業型態也隨之改變。企業若只是一味強調人事管理健全或有優渥的待遇條件，朝九晚五的工作時間，以及支付加班費用這樣的公司，只會走向滅絕之路。

對於接下來有心創業的人而言，這樣的公司似乎可以很輕易打敗。十九世紀型的大型企業所做的工作，一定可以用成本更低、更理想的方式取代，而這就是事業的機會。

班哲明・羅森（Benjamin Rosen）創立了康柏（Compaq）。此人的興趣就是打倒像ＩＢＭ如此龐大組織的企業。事實上，康柏製造了低價位的電腦，結果在電腦領域中反而成為超越ＩＢＭ的大公司。羅森曾說過：「這種感覺真好！」之後他將工作交給了接棒者，接下來他想做的是開發車輛。

我曾經和羅森通電話，他提到：「沒想到可以如此輕易打敗ＩＢＭ，我這次的目標要鎖定更大的通用汽車公司。通用汽車用浪費石油的低效能引擎來燃燒人類所取得的最珍貴燃料，實在太愚蠢了。想到這種公司竟然可以成為世界最大的公司就一肚子火，我要製造出比他們可以產生出幾倍熱效能的好車，好打敗他們。」

日本到現在都還覺得，像松下電器這樣大企業所做的事情，絕不是一般小公司可以應付得來的。但藉由一般通則產生了變化，「大企業不是實力強勁的對手」的想法將變成可能。

通則是支配社會現象的一般規則，例如以前的天動說就是通則，大家都相信太陽是繞著地球運轉；之後伽利略和哥白尼提出不同的論調，說明若想成是地球在轉動的話，一些現象才比較容易獲得解釋。結果，後來證明他們所提出的理論才是正確，這就是通則的轉變。同樣的，我們所處接下來的五年將是一個通則轉變的時期。

艾文．托佛勒（Alvin Toffler）曾經提過「第三波」的理論，第一波是農業社會，第二波是工業社會，第三波是資訊社會。藉由數位資訊革命，所有的一切即將改變。

被網路淘汰的行業

現在社會上仍存在許多不方便的事物，例如郵件的寄送。即使身處在資訊化社會中，星期天的郵局還是不寄送郵件。若思考有沒有其他方法可取代，我想昇陽（Sun

Microsystems）所開發的 Java 環境應該可以辦到。若使用 Java Applet（小型的 Java 應用程式）系統，應該可以利用電腦和家裡的電視及電話做連接。

在 Java 環境下，例如我想要閱讀報紙，按下電視遙控器就可以將《〇〇新聞》的頁面呈現在電視畫面裡；並且因為數位的環境是雙向，所以所出現的資訊都是符合我個人需求的內容。「大前先生，早安」，首先出現這樣的畫面後，再介紹今天有趣的電視節目，並且可以依據我的興趣一一列出節目表單。根據過去一個月我收看節目的模式來推估我可能會收看的電視節目。

相信各位都知道，日本郵政省（現為日本郵政公社）的郵政事業，事實上是因為有過年時期的賀年卡業務才可以勉強經營。郵政局在一整年間就靠一個星期大賺一筆後，其他業務幾乎都沒有利潤。因此，一旦沒有賀年卡的收入，郵局也就可以宣告結束。

然而另一方面在 Java 環境下，剛剛所提到的賀年片或 DM 等郵物件都可以全部經由 Applet 送達。若註明「大前先生親展」，則唯有我開啟個人密碼才可以閱覽，甚至是透過辨識我的聲音才能開啟傳遞過來的文件。

DM 之類不要的郵件則按下滑鼠刪除即可，若想要保留收到的情書，只要將內容印出來就好；或者是再傳回伺服器，加以保存即可。如此一來，郵政局就可以不用工作了。賀年卡也是，一邊觀看《紅白歌謠大戰》一邊寫電子賀年卡，當除夕夜鐘聲響後，只要按下按鍵，對方就可以在元旦收到信件了。

現在，美國人在電腦上使用 Intuit 公司出產的「Quicken」這套會計軟體，並且得以實際運用。總銷售量已經超過一千萬套。信用卡消費及支付電力公司的帳單明細等都會自動入帳。隨後每個月還彙整出損益表和資產負債表。將家裡的資料輸入後，就可以幫你做任何計算，還包括了固定資產的折舊費用。是一套甚至到了每年要申報時，都會自動計算的「Quicken」會計軟體。

但是現在像剛剛所提到的事情，購買軟體和昂貴的電腦成為必要的先決條件。然而，Java 環境一旦整備好之後，就有可能出現提出類似服務的公司。若得以實現的話，郵政局或是送報紙的公司都沒有存在的價值了。

日本最早的數位衛星傳播 PerfecTV 在一九九六年正式登場，之後更有 Direct TV 以及 Jsky B 加入這個市場，總計有三百五十個頻道從天而降。若加上地上波數位化一百頻道的話，就共有四百五十個頻道。使用的方法現在並還沒有跳脫以往電視播放的方式，若針對這個部分思考，應該可以想出更多的內容及運用方式。

答案不只一個，請思考

通訊方面也有使用「星（衛星）」或是「光（光電纜）」的問題。當時郵政省（現在的總務省）和ＮＴＴ所考慮光電纜網路連接到各個家庭的計畫，預計是在二〇一〇年。在這麼長的一段時間中，可能出現其他的方法或是能傳達資訊卻沒有人要利用的情況。

因此，衛星可以辦得到的部分盡可能交由衛星處理，這樣傳達到家庭如此重要的電線和電話線才能更便利地運用。現在所使用的TP（Twisted Pair）雙絞電話線，以前只能通過一千二百位元（bit），現在則可以通過九千六百位元了。利用數據機的處理能力大大提升了傳送的速度。

另外ＡＤＳＬ是一種非對稱型的數位傳送方式，加裝此功能後的雙絞電話線有一點五ＭＢ容量，若處理得好再加上距離短的話，甚至可以達到十五ＭＢ，透過電話線就可以傳送高畫質程度的影像。因此，設計者應該要考慮到街道旁使用光纖，之後到家庭的部分則利用ＡＤＳＬ這種折衷的方案。

然而今天的日本，沒有人做這樣的思考，完全沒有這樣的計畫。只要是「光纖」以外的研究完全不受青睞，在日本「光纖專利權」的力量太大。就好像日本在北海道甚至連建設道路的場所都沒有了，但建設省（目前沒有此單位，改屬總務省管轄）卻可以將此「光纖」的權利作為談判籌碼。因此六十兆日元的光纖通訊網，資訊高速公路（Information Super Highway）得以在日本進行。我想建設完成時，又剛好可以成為第N號的國鐵和道路公會。

一家四口每戶二百萬日元的投資，是非常不划算的投資。

假設花費六十兆日元將「光纖」送到家庭，利用隨選視訊系統收看《亂世佳人》這部電影，將會花費一萬五千日元。因政治的關係即使只需支付十分之一的費用，還得花費一千五百日元。一千五百日元的電影，不可能有人會感到興趣，因為到附近的連鎖影片出租店租DVD大概也只要一百日元吧！在租借方式一個晚上只要一百日元的時代，像這種電影一部一千五百日元等所謂超厲害的資訊高速公路，就跟架設一條到偏遠地區的當地線路一樣，變成沒有使用者的狀態。

在思考與通訊網相關的事業時，閱讀充斥著廣告的商業雜誌和報紙是不行的。任何一本雜誌都提到資訊高速公路似乎就快成立的字眼，但事實上並非如此。倒不如回歸順序來看，想一想當真可以成立嗎？有無替代技術？大公司的想法似乎有點愚蠢，有無可以切入的空隙？……，養成思考的習慣。

在接下來的社會中，有一項事業必定存在替代技術。例如以往每天所看的報紙，不是訂閱的就是在車站購買，但是現在在網路上就可以看到最新最快的版本。我也是這樣閱讀每天的《朝日新聞》，當然也會閱讀《每日新聞》。由於《每日新聞》有提供類似剪報的服務，只要輸入相關字就可以閱讀到所有一連串關係新聞。接著再稍微看一看時事和商業相關資訊。然後還可以看到《紐約時報》等全球性報紙。花三十分鐘左右就可以全部閱讀完畢。如此一來大可不必等報社派送來的報紙了，其結果是不必再訂閱報紙，省下一筆錢。

和在《朝日新聞》工作的朋友提起，他開玩笑說：「太過分了。」我則回答：「說不定你認為過分，但是《朝日新聞》的確最容易閱讀。《每日新聞》和《讀賣新聞》在網路上看完一個就得刪除一個；而朝日則可一整頁閱覽，所以也是我最早取消訂閱的報紙。」對方更是無奈嘆氣回答：「莫非得把它弄成難以閱讀的方式比較好！」

若對於使用網路不用花錢而可以閱讀新聞內容感到困擾的話，那麼就改成收費方式經營。例如像是微型付款機制（micro billing）的商機。現在網路上交易若低於十美元的話，由於信用卡公司的處理費用太高所以普遍不接受，因此無法進行十美元以下的購物。但若是微型付款機制的話，美金五到十分，甚至於零點幾分的單位都可以計算。閱讀一篇新聞一日元，一整頁閱讀則是十日元，若連同廣告也讀取的話就退回三日元。報社就可以進行類似的收費標準。

若使用微型付款機制的技術，閱讀報紙的費用，就只要支付有閱讀那幾天的部分即可。或是訂下契約如月結一千日元的方式也可，都比現在幾千日元要便宜許多；並且報社只要有廣告收入就不會倒閉。網路上最受歡迎的網站雅虎，事實上也是靠廣告在賺錢。愈多人進入讀取，企業就愈願意刊登廣告在上面，所以網路新聞會有繼續生存下去的方式才對。

攻佔日本市場的方法

馬來西亞的通訊媒體王安南達．克里斯南（Ananda Krishnan）曾經在九〇年代來到日本。他是雙星衛星（Astro）電視台的創業者，已經發射了「馬來西亞（Measat）一、二號」兩枚衛星，預計一九九七年中再發射一枚「馬來西亞三號」衛星（編按：實際發射時間為二〇〇六年十二月）。照這樣算來，此人在太平洋和印度洋的上空就擁有四百個頻道。

他之所以前來日本，是為了募集可以提供他四百個頻道節目的夥伴。由於沒有辦法對於天空降落下來的東西制定規則，所以日本總務省沒有辦法做任何干涉。就像ＮＨＫ的節目現在可以在韓國和台灣收看得到，就是因為天空是沒有國界的。

因此，未來要是帛琉共和國和台灣要朝著日本方向發射衛星的話，日本政府也沒有權力拒絕。俄羅斯的話，在自己領土的西伯利亞上空，也發射朝向日本的衛星，日本簡直就像棵搖錢樹任人予取予求。只要經度相同，在允許的仰角範圍就可以裝設接收器。新的商機，在這個領域上可說必定接踵而來。

由於日本的衛星屬於管制的情況，所以每個電視局發射訊號都需經過政府的認可。若說是代表國民謹慎審核還說得過去，但若是將電波歸納在公務機關而搞私有化的做法，總有一天日本的上空就會被空洞化。這就是無國境時代下的新事業。

現在如果克里斯南開始播放針對日本人為對象的節目，如何向日本人收取費用呢？答案是使用信用卡。信用卡就是一個沒有國境的代幣結算系統。

信用卡具備現金的機能，可以使用國外的ＡＴＭ機器提款。一個月後再從日本的銀行存款中扣除，所以不必攜帶現金就能消費；結算方面可以說完全不受國籍的限制。因此例如從衛星下傳電視節目，利用電話開啟後就可收看，之後再使用信用卡結帳，完全不必看日本政府的臉色就能做生意。甚至若將此基地設在馬來西亞的話，甚至不用聽到別人批評他們不像話就能繼續做買賣了。

顛覆常識，處處商機

朝向網路社會的變革開始於一九八五年。個人電腦網路化，讓網路與電腦做結合，讓很多等著網路現象泡沫化的人跌破眼鏡，現在更是若沒有利用網路的話，根本做不了生意。

其中一個例子應該是「美國便宜貨」（Bargain America），這家網路商店在美國發行幾乎所有商品的型錄，只要按下滑鼠，指定的型錄就可以郵遞到家中。翻閱型錄發現喜歡的東西，就可以透過網路或傳真訂購，如果會說英語也可以直接利用電話訂購。也就是說，不必擁有店面，一樣可以在日本銷售。

目前世界上最大的書店不是紀伊國屋書店，也不是八重洲書店中心，而是亞馬遜網路書店。在該公司的網站中就擁有三百萬冊的書籍。在此輸入「Ohmae」（大前），就會出現十幾本我的英文著作。

亞馬遜網路書店在設立後，僅僅不到兩年的時間就成為世界上最大的書店。利用網路搜尋書籍、購買的方法，對於讀者而言是最方便不過的事情了，理所當然銷售成績飛快地成長。

成功背後的理由在於一本書的寄送費用只需要美金一元。腹地如此遼闊的美國，郵資竟然能夠比日本便宜，的確令人驚訝，所以這部分的小包郵件不也就是另一個商機嗎？日本的宅配服務確實相當方便，但費用仍嫌過高。

位於南達科塔州的傑威公司，在迎接創業十週年的一九九七年營業額達六千億日元，成為全球最大的電腦公司。在日本，除了第二電電DDI等所謂由於制度鬆綁而造就的大公司之外，沒有一間公司可以在創業十年的時間達到一千億日元的規模。

創業十年營業額六千億日元的傑威公司因為創立於美國的極偏遠地區，也受惠於以制度鬆綁為目的的雷根革命，使通訊、金融及交通得以自由化，利用通訊接受訂購，從世界各地集合物品組合後，再將商品利用提供宅配服務的UPS來寄送；之後用信用卡支付。這正是所謂金融鬆綁及網路下的產物。

而且傑威的銷售員也同時兼顧客服務的工作內容。特定的客服人員持續負責同一位顧客的業務。如此省掉一筆中間管理的費用，因此可以提供價位較低而且機能優越的電腦。傑威就是以這樣的方式讓公司的業績持續不斷地成長。

另外，傑威在歐洲擁有多國籍的客服中心（call center）。當位於愛爾蘭都柏林的電話中心接到瑞典方面打來的電話時，就由愛爾蘭當地會說瑞典語的人來應對。一旦電話內容複雜時則利用國際專用電話線路傳送至瑞典，讓當地的接線生負責。若使用國際專用電話線路，這樣的利用方法是可以被實現的。由於這種國際電話是對方付費，所以對使用者不會造成任何負擔。同樣地，從德國或法國打來的訂購電話，也可以使用該國語言應對，在愛爾蘭單一個地方的電話中心就可以兼顧到全歐洲的消費者。

傑威的所有作法都不符合常理，他們的做法都和一般所認為的常識相左。近年來電腦的製造大部分都轉移至人事費用相對便宜的亞洲去建造工廠，但是傑威卻選在美國的偏遠地區。那是因為美國的偏遠地區，其實人事費用也非常便宜，南達科塔州等地區最低的時薪在七塊五美元左右，和亞洲的薪資並沒有太大的差異。物價也比較便宜。再加上那裡除了當牛仔以外沒有其他的工作機會，所以勞動力相當豐富。

十九世紀，公司創立大都選擇在紐約、洛杉磯及芝加哥等地。那種工業化社會的趨勢，造就了大都市的發展；相對於此，網路社會則意味著在最理想的環境下進行最具創意工作的社會。

我所要強調的是，所謂的常識需要一次的重新設定。工業化社會下的常識，唯有在經過全部刪除的過程中，商機才會一次一次地重新產生。根據我在這裡提到的內容，相信讀者的腦海裡已經出現許多新事業的想法了吧！

我同時也在我的創業家商業學校中提供相當多的構想，希望讀者能夠將之推廣、實現，進而打敗傳統的公司。要破壞舊有秩序並非一件簡單的事情，雖說如此，被舊秩序所束縛的人，其思考的方式早已經不適用了。不論是誰，用新的做法，利用新事業破壞工業化社會死板的框架是最好的方法。

從金融改革思考錢途

在思考多媒體相關的創業時，請從側面的角度來思考商機，其中之一就是金融。我針對前首相橋本龍太郎所提出的「日本版金融大改革」（Big Bang）做了許多的研究，但怎樣都覺得最後會變成「重大打擊（big bang）」，對此我並不表樂觀。以下就提出我如此認為的理由。

日本在一九九八年四月開始實施修改後的外匯法（外國匯兌及外國貿易管理法），因此日本人開始可以持有外國銀行的帳戶，在國內也可以使用外幣進行交易。

在國內流通外國貨幣的國家並不少，像是東歐各國、俄羅斯、巴西，以及香港。日本在九八年的四月開始也是如此。由於新的外匯法，在日本國內也可以使用美金了。以往每每在檢討貿易不平衡時，都指向在日本積存的美金最後都只能再投資回美國市場，今後在日本國內也可以使用是非常重要的一點。

當時日本因為不良債權的處理問題讓銀行界焦頭爛額，日本債券信用銀行和北海道拓殖銀行也都處於力圖再重建的狀態，所以形成只有國家經營的郵政儲金最安全的風潮。以利率的部分來比較，儲蓄一百萬日元，銀行和郵局一年利息雖然只有數百日元的差異，大家都選擇郵局。用半年複利的計算方式，十年後則會差距數萬日元，但不管怎樣日本儲蓄者的夢想終究會是一場空。最主要的金融商品，不論是利率或是期間也幾乎沒有選擇性。

但是，從九八年四月開始就可以購買全世界的金融商品。以前唯一可以辦理銀行零售業務的只有美商花旗銀行而已，接下來不論是加拿大皇家銀行（The Royal Bank Of Canada）或是上海銀行都可以銷售。當然在東京三菱銀行或任何一家銀行，都可以銷售全球的金融商品。

全世界的金融商品琳琅滿目，消費者的選擇也會變得更多樣化。例如加拿大最大的銀行——加拿大皇家銀行的窗口就有近三百項的商品可選擇，安全穩定性的商品利息約百分之三點五，高風險高報酬的商品在九六年甚至有達百分之二十九至三十的利率。其中包括共同基金（mutual fund），當然也夾雜著高科技股或債券等，可以依據前一年的實際績效來擬定策略。

例如若擁有一千萬日元的資產，以每一百萬日元分成十等份，從安全性高的到風險性高的商品，運用不同的策略進行。一年之後，從百分之二十九到百分之三，平均應該就可以有百分之十左右的獲利。事實上在加拿大的存戶都是運用這樣的方法，澳洲約有百分之十一左右，美國則是百分之八，以這樣的績效做資金的運用，而且約一千多種類似這樣的商品進入日本，提供民眾購買。百分之一以下甚至像百分之零點四這種利率，幾乎找遍全球都不可能出現相類似商品，唯獨日本人長久以來忍耐於全世界最低的利息之下。

因此，這就是一個商機，在號稱有一千二百兆日元、個人持有的流動資產市場裡，即使有多樣化海外金融商品進入，若沒有能夠真正分辨商品好壞的人，也會一頭霧水不知如何選擇。此時若是出現有能力提供建議的人，不用說，這肯定是一個大機會。例如在一千個商品中，推薦其中的五項……，類似這樣的建議將會變得很重要。這時若透過資金管理人做理財規劃來購買金融商品，將會集資多麼龐大的資金。

在美國，資金管理人擁有高額的薪資，例如在我曾任顧問的麥肯錫公司也是，財務管理是相當重要的部分。麥肯錫有幾千億日元員工的年金，委託由十位頂尖的資金管理人負責，創造約百分之十三左右的利息讓資金不斷累積。隨時審視董事會的年金和公司員工持有的基金績效，低於百分之五者則淘汰。順帶提到，在九六年的基金中，超過百分之二十九以上績效的為數不少。日本的基金連百分之二都不到。到了退休年齡時根本拿不到多少的利息。

以前金融相關商品中，日本人的選擇絕大部分是百分之零點三的定期儲蓄存款和百分之零點四的郵政儲金。利息高的，也只有保證百分之十類似互助會的Orange共濟組合和KKC所提供的產品。接受高等教育的日本國民，竟然會認同於形同詐欺的商業法規，這真是一件令人覺得匪夷所思的事情。

在國內是這樣的金融態度，一旦引進全球的金融商品將會演變成一個怎樣的局面呢？全球的金融機構中並非全都是優良的公司，勢必出現多數陷入高風險商品中的人。如何分散風險，類似這樣站在銀行存戶的立場提供建議的人，勢必會被大量需求。這也可以說是一個相當大的商機。

另一方面，這樣的人一旦增加，日本金融機構如何求存將面臨很大的挑戰。橋本首相提到「增加選擇方式是一件好事情」，但是被淘汰的就輪到日本的金融機構了。

一旦實施金融大改革也就是郵政儲金瓦解之時。郵政儲金可以說就是像政府的第二稅金，若消失了就無法進行財政方面所需的投資及融資。利用郵政儲金集資的金錢營運的第三區和地方債也會因為金融大改革而受到「打擊（bang）」，日本的公司就會呈現缺氧狀態無法繼續營運。所以實施金融大改革之日，就是接受「重大打擊」的時候。

金融大改革將使日本的資本轉移至外債、外幣避險，從國家的角度來看，事態嚴重。而且使用外幣就可以在國內購物；以往購買外債存在著風險，但現在在國內也可通用。意思就是說在準備養老金時可以考慮保有美金，因為在未來使用美金也可以過生活。

以前曾經被稱為紙屑，現在全球對於美金的信任度提高，世界各國就像是吸油墨紙一樣，吸取美國政府印刷機下的美金。美國通膨之所以可以緩和下來，這也是其中一個原因。雖然不敢斷言這是恆久現象，但美金仍會持續強勢一段時間。

金融大改革實施後，希望大家可以理解所有的一切，包括我們日常的購物或接受的服務都將以不同的方式被取代或改變。電子信件高度化後，就不需要傳遞郵件的人；全球的金融商品在日本也有銷售的窗口時，郵政儲金也就會隨之消失。這也就意味著會出現前所未有的大商機。

這是全世界都正在進行的事情，紐西蘭、英國及美國早已經歷過，這些國家在十五年當中的開放市場，接受金融的鍛鍊，可以確認的是已經運行多年的這些國家肯定佔有優勢。

相對於那些條理分明、訓練有素的資金管理人，只設計過類似定期存款甚至沒有賣過這樣商品的日本金融人員，有著顯著的差異。

因此我們只有努力學習、不服輸地向前進，即使自知無法與之抗衡，那就轉而求其次與身經百戰的對手共組事業，總有一天可望超越對方。這就是發掘商機的方法。

二十一世紀的血液

軟體銀行（Softbank）的孫正義先生，曾經在兩年的期間內調度五千億日元的資金。為何他能籌集如此龐大的資金？那是因為他將自己所有進行的事情數位化。他甚至誇口說他的工作就是成立數位基礎建設（digital infrastructure），其典範全都來自美國。

孫正義所收購的幾乎都是美國的公司，那是因為比起日本的股票市場中，國際性公司的股價本益比可達八十倍之高；也就是說，市場將公司八十年的收益設定為股價。由於美國最多三十倍，所以在日本調度資金購買美國的公司可以相對便宜。

例如在電腦雜誌中排名全世界第一的 Ziff-Davis 出版集團的股票，或是世界第一電腦相關展示會的 Comdex 公司股票、入門網站的雅虎股票。而且開始收購這些股票是在一美元對八十日元的時候，單單就購買股票這部分就已經穩賺了，之後日元貶值到一美元對一百二十日元，加上匯差更是大賺一筆。

軟體銀行獲得信賴的同時也籌措到資金，該公司最強的部分，在於把自己想做的事情清楚地傳遞給全世界知道；還有在購買大型標的時，選擇世界共通而且會創造利益的公司股票。今後若像這樣持續購買超過六十間公司股票，雖然不知道接下來管理方面的經營能力是否跟得上，但就擬定明確策略即可聚集資金擁有成長機會的這個部分，可以被證明是成功的。

雖然現在日本股市陷於一片低迷之中，但是新力、愛德萬（Advantest）、東京威力科創（Tokyo Electron）等股價都被賦予有史以來的最高價值。陷入低迷的其實是在「日本傳統型態公司」中殘存的公司，像這種可以稱得上是最典型的公司，若不能安全度過三月三十一日的結算日，例如穆迪（Moody's，譯按：美國投資顧問公司 Moody's Investors Service 的簡稱。一家賦予公司排名的國際性信評機構）的財務評價中得到「E」的北海道拓殖銀行和「E+」的北海道銀行，就只有宣佈合併一途。

根據穆迪的定義，「D＝具有致命性缺陷的銀行」、「E＝沒有其他支援則無法生存的銀行」。所以兩家沒有其他支援則無法生存的銀行進行了合併。日債銀也是如此，在不知道股票市場對該公司的重整做如何評價而坐立難安之時，不知不覺拖過了三月三十一日，最後也總算通過年終結算。暗示市場可能有機會和信孚銀行（Bankers Trust）合併，所以得以在市場期待下安全度過結算。雖然是因為這個原因，但至少免除了一場讓股價暴跌可能引起金融風暴的危機。但是，不要忘記評價在「E」和「E+」等級的銀行大概還有十五家左右。

根據上面所述的現況，如果想要在金融領域中找尋商機的話，就應該在這一年的時間好好學習金融商品。絕對有益無害。現在開始到終老，用一百萬的資金賺取百分之十利息和只能賺取百分之零點三的人，其中差異甚大；再加上若可以轉換成適當的貨幣進行投資，那麼差異就會更加懸殊。

通則正在改變，問題已經不是規模的大小而已。用大理石堆砌的銀行，如今內部腐壞可以被察覺，沒有人會再被漂亮的外觀所騙。消費者接下來已經會選擇把資金委託給真正有做功課的基金經理人，並且利用國內外的各家銀行和證券公司來做自己的財富管理。因此，光就基金經理人這個行業，對年輕人來說就有許多的商機，而資深者更可以交換彼此間的經驗和直覺來抓住新的商機。在現在資訊化社會中，加工資訊、用此知識來謀生，利用知識面的附加價值來換取三餐溫飽，是理所當然的事情。

接下來的一年中，應該徹底研究網路和金融商品，因為這兩項將是二十一世紀的血液，可以稱為是事業根本的「資訊和資金」;再加上食料品及醫療品,就可以看到整個潮流脈動。至少掌握住「資訊和資金」,絕對可以在這世界上中看出些許端倪。

訓練頭腦的好習慣

在創業家商業學校中有「事業計畫競賽」這個主題,是一個募集學生創業構想,發表優秀作品的活動。事實上有不少人提過想要參加類似事業計畫競賽的全國性規模比賽。

如同我所說的,成立事業的第一步,首先必須要創造出事業構想;而成就一個成功的事業,必須存在近千個左右的構想。

不善於創造構想的人,可能因為只有一個構想就著手進行,因此在具體化實施過程之中就會遇到現實的一面,把所有不同的要素都硬生生填充到這個構想當中。結果,像這樣七拼八湊而成的構想,完全無法看出事業的魅力所在。

因此,在創業家商業學校中,首重培養創造出多數構想的訓練,如此也就自然產生出放棄不好構想的勇氣。怎麼樣創造多數構想的方法、如何去蕪存菁、將構想事業化的方法以及讓事業成功的行銷方法,在不同的階段都需要有不同的構想方式,不可以只用一個模式進行思考。

我的著作《企業參謀》是我在擔任企業諮詢顧問一年後時，將我所注意到的事情全部記錄整理而成的書籍。當年就賣出十六萬冊成為暢銷書，那時我只有三十一歲，在那之前的兩年我從事核能的設計，對於經營可說是一竅不通。進入麥肯錫顧問公司之後，感受到學習的重要，所以書的內容只是我將一年當中學習過程記錄下來而已。不可思議的是，直到現在這本書的銷售依舊不錯。

或許是當初看過這本書的課長或股長階級的人，現在變成社長，然後再推薦給他們的下屬吧！但是我想這本書之所以如此暢銷的原因在於，一個經營方面的初學者，將自己如何學習和教自己的過程內容寫下，所以對於一般讀者而言，比較容易獲得了解。

所以或許在經營這方面，反倒是沒有經驗的人可能比較合適。在大學裡學習許多的經營理論，頭腦就侷限於所學習到的內容。人類的頭腦一旦侷限於既成觀念，自己思考的機能就會消失。因此，以不受影響、全心全意真摯的心去看待經營是非常重要的。

例如，在景氣低迷之時，該選擇採取怎樣的經濟政策呢？有人提出「提高資金供給」和「降低利息」，結果日本政府照單全收，兩者都採取，並且深信這就是解決方案，完全沒有再去思考其他的政策方案。

但是，就現實的問題來看，提高資金供給後會出現怎樣的效果呢？例如，在美國因為景氣不好，所以想增加員工雇用機會。在這個節省人力化投資的時代中，一旦市場中流通的資金增加，企業勢必投資在電腦或機器設備上。其結果只會造成雇用機會減少，而使失業率更為提高。若是在五十年前的話，提供資金確實可以刺激雇用，但在今天卻反而造成失業。

光看這樣的現象就可以知道，以前的常識在現在有著如此大的改變。所以不要去思考所謂的常識，只要相信自己所看得到的事物；發現突兀的地方，要試著表達出自己的意見。在面臨所謂通則轉換期的今天，應該要做的課題就是設身處地思考，試著想出辦法。

創造多數構想的方法有很多，在我後來增補的《新・企業參謀》中也有很詳細的敘述，可以提供作為參考。在此書中有簡單定義：「對於客戶的需求，要能持續提供比競爭對手相對更優異品質的商品及服務。」並且說明如何從這裡衍生出策略。

再稍微深入地介紹，首先思考顧客的目的為何，思考到底是不是這個人真正的需求。然後再思考為了達成此目的有幾個方法可以進行。接著，沿著這幾個方法（我所稱的「戰略自由度」）的軸心去尋求可以辦到什麼事情，用以上的順序進行思考。

對於任何事物抱持關心度，對於所關心的主題，思考若換成自己的角度會如何改變。閒暇之餘，例如利用上廁所、洗澡及上下班通車時思考。人類眼睛在接受刺激的同時，頭腦也在運作，所以觀看窗外影像就是很好的機會。只要每天重複此習慣，創造構想就會有很大的不同。

例如從電車往外看，應該會覺得窗外景色不漂亮、街道骯髒，而且腳踏車放置場所應該要改善。那麼就把自己想成如果是這裡的市長、里長或是車站站長，要如何檢討改進。在創造構想時，選擇和自己現在不同立場的思考模式來進行最為理想。為何要如此進行呢？那是因為將情境設定在他人的立場實際模擬之後，頭腦原本完全沒有運用的部分就會開始運作。

「我現在的職位是股長，若變成部長的話會如何？」平常就開始做這樣的思考訓練，一旦哪一天真的換到那個位置時才不會迷失。也許在現在的公司不可能成為社長，但如果一直進行這種思考方式的話，即使換到另一間公司，這種訓練仍是有效的訓練。

另外，頭腦做這樣的訓練後，對於不了解的地方就知道該如何提出問題。找個機會向部長問一問：「關於這個問題，您覺得如何？」或是試著告訴他：「部長您前些時候曾提到過的那件事情，我的意見是……。」可能部長會覺得你城府很深，但也有可能會認為你表現很好，而有升官的機會。

世界上的成功故事，很多和日本流傳豐臣秀吉將織田信長的草鞋放在懷中，使鞋子變得暖和的傳說軼事有類似之處。織田信長到底是認為「這小子將我的草鞋放在屁股下」，或是「為了不讓我穿冰冷的草鞋而將它放在懷中溫暖」，這就得視長官的氣度而定，若運氣好的話，馬上就會露出成功的曙光。

再提出一點就是，思考過程要隨時保持「上升志向」，也就是求進求新。應該要捨棄「我今天早上洗完臉後出門上班……」這種日記式的思考方法。很多學生被要求用日記方式寫暑假報告，這樣會養成將自己已經知道的事情或了解的事物，重複思考的壞習慣。現在還有會證明畢達哥拉斯的畢氏定理或是記得元素週期率的人，但是這樣的東西對於現實生活中的事業，幾乎沒有任何幫助。

現代的教育，完全沒有對於我們在思考事業方向，或如何擬定策略時所需的頭腦提供訓練方法，是一種以有答案為前提的教育方式。教科書上告訴我們「義大利商人亞美利歐・維斯浦奇（Amerigo Vespucci）於一五〇〇年代初期發現美洲新大陸」，但是卻不准學生提出「真的是維斯浦奇發現的嗎？」、「你知道他是用什麼方法發現新大陸的？」這樣的問題，一般的教育只是告知答案，再要求學生將內容機械式背下，以至於這種方法形成現在的頭腦。

這個影響遠超乎我們的想像，因為這樣的因素，即便是閱讀報紙，報紙上所寫的內容也就自然而然變成自己的意見。報紙上評論「消費稅不合理」，讀者進而也異口同聲「沒錯，消費稅不合理」。事實上比這個更不合理的事情還有很多，但是一般人已經沒有能力可以提出自己的意見評論事情，而新聞報紙上的內容，不知不覺中似乎已經變成了自己的意見。將指導要領放入頭腦中的習慣，是沒有那麼簡單可以輕易消除的。

從舊事物發出新構想

擁有豐富構想的人，很排斥自己所想的事業構想遭受他人批評，並且對於批評的人懷有恨意，認為對方為何要否定他的好構想。其實若是不好的構想，被批評的人才應該抱感謝之意，不應該在不好的構想上浪費一生的心血才是。相反地，若覺得對於此構想真的滿懷自信的話，則應該要有能力提出足以說服對方的理由。

我在著作中提到過濾式咖啡壺的設計，消費者不單單只是為了提神而已，目的還在於品嚐香醇的咖啡，於是我開始思考如何製造香醇咖啡的方法。首先知道的是，因為東京的水中含有石灰，所以必須先過濾水中的石灰；其次是研磨咖啡時，顆粒分布問題也有關係；最後了解到從咖啡豆研磨完成後，到出現一杯咖啡為止花費多少時間，也是相當重要的因素。以上這幾點是當時市售的過濾式咖啡壺完全沒有顧慮到的因素。

於是我想到將研磨功能內裝並且控制顆粒分布，將石灰過濾變成蒸餾水來煮咖啡的過濾式咖啡壺。將此商品化後，果然走對方向，到現在幾乎所有的過濾式咖啡壺都還採用這種方式。如何才能沖泡出好咖啡——單純就事情的本質去思考，就可以輕易得到這樣的構想。

將此思考更進一步推演，針對想喝香醇咖啡顧客的目的，就存在調整咖啡豆、調整水以及調整溫度的自由度。從這當中去思考可以做到的部分，就可以出現無限多的構想。這個在《新・企業參謀》中，我稱為「根據戰略自由度進行發想」。

接下來再提出另一個發想的方法，就是從既有思考中去做新的組合性思考，稱之為「新組合（New Combination）」，亦即將舊有兩事物結合而產生出新事物，是由熊彼得所提出的發想方式，舉凡在創新相關的書籍中必定會提到的一種方法。例如，發明數位時鐘時已經存在電視機，於是在電視機中置入時鐘，隨時都可以顯示時間，因此附有數位時間表示的電視機發明就是一項「新組合」。

微軟等企業幾乎就是靠著新組合維生的公司，幾乎沒有屬於自己公司發明的軟體，而是將蘋果電腦和ＩＢＭ等公司的發明進行巧妙組合後放入視窗系統（Windows）中。後來曾經出現了Netscape這樣超強的瀏覽器，一度取代ＩＥ瀏覽器；但Lotus「1-2-3」的試算表，也不知何時被 Excel 取代。簡報軟體方面，有 Lotus Freelance，麥肯錫也製作了稱為 SOLO 的簡報用套裝軟體，而這些簡易版簡報軟體竟改頭換面成為 Power Point，不知何時由微軟公司推出市面而成為現在業界的標準版。

微軟的經營之神比爾．蓋茲，不斷帶來新的組合，提供所謂的整合環境。但是將這些要素分開來看，幾乎沒有是自己公司所發明的東西，完完全全是組合的技術。但從使用者角度來看，其實由誰發明並不重要，而是能夠做些什麼。徹底追求的這個精神，其實與日本經營之神松下幸之助的做法有著異曲同工之妙。

像這樣，我們知道有將不同的兩者做組合產生出新事物的發想方法。所以不管是結合公司的同事，或是組合商品的機能，其實都存在各式各樣的組合方式，一旦構想枯竭時，別忘了還有這種將舊有東西加以組合的思考方式。

用數字評估構想

接下來，如何針對自己的構想進行評估也是非常重要，因為一旦構想可以源源不絕時，就要開始對此做出評價了。

最常見的評估方法就是詢問一百個人的意見，但是絕大部分的人都傾向於針對此構想詢問一百個人後，如果當中有三個人覺得很棒，九十七個人說不好時，就會將此構想捨棄。其實三個人回答很棒的話，換算成六千七百萬名薪資所得者的百分之三，也就相當有二百萬人以上贊同此構想。若這二百萬人都能成為顧客的話，是相當大的事業規模。不單只是相信問卷調查的結果，如果存在真正需要這項產品的人，並且確實會利用此產品或服務的話，那就應該要想有成功的可能性。

希望大家記住一些基本的數字，如人口數、家庭數等，當你在思考任何構想時，就可以利用以上任何的數字進行試算。

例如，提到「一家一台」，如果四千五百萬戶家庭各購置一台，就會有四千五百萬台；推算百分之十的家庭普及率時，就可以得到四百五十萬台的數字。假設單價為一萬日元，得到的市場規模就是四百五十億日元（若想要銷售全球的話，當然另當別論。現在大部分的情形都是以在日本銷售好的商品為標準，再進行海外銷售。當然也有相反的情形）。

在電車中構思，然後評估可不可以形成事業時，就可以像這樣利用簡單的數字來做推算。經由計算就會知道自己的極限在哪裡，因為藉此可以預測構想付諸實現的可能性。從龐大的數字中思考，自己的事業總規模可以達到什麼程度，在頭腦中必須能夠瞬間推算得出此數據。剛開始使用計算機也無妨，因為經過幾次計算過程後，對數字的敏感度應該會愈來愈高。因此一旦有人提出事業構想，馬上就可以利用數字評斷可能性的高低，並不需要求算出確切數字。事業成功與否，有沒有符合當初推估的數據是很重要的；不論是十萬、一百萬，或者只是一萬元，無關數字大小，只要位數對就好。

但是籠統的數字僅止於事業在剛要成立時，對創業家來說，最重要的就是「雖然籠統但正確」；因為有太多的例子是「詳細但卻錯誤百出」，所以各位讀者務必切記「籠統但要正確」。

提升自己的搜尋能力

成為創業家還有另一個很重要的條件，就是如何能夠取得成為構想材料的資訊。這並沒有特定的方法，但至少應該要努力提升自己的網路搜尋能力。

我在某公司著手進行一項網路的內部訓練計畫。事實上，很意外地發現公司裡真正可以很熟練地利用網路者少之又少，因此才決定訓練員工如何有效使用網路。

二十一世紀的傑出事業計畫，七、八成都要靠公司以外的資訊。公司內部資訊大概只有兩成到三成。因此我的計畫就是提供在必要之時取得公司外資訊的訓練方法，現在，其中一個訓練就是給予員工一個主題，讓他們彼此競賽看誰可以最快找出我所設定的內容。

另外我還想了一個奇特的方式，設定一個主題，命令他們出差前往歐洲。例如主題為「請找出在預防老人癡呆上能提供最有效藥物的製藥廠」，但實際上並非真正出差，而是在網路上出差。只要搜尋德國各大製藥廠即可，網路上一定可以找到最近的相關資料。接著在看過研究動向後，寫信給製藥廠商與對方做實際的接觸。最後聽取對方的研究內容後，寫下出差報告並且發表關於自己在哪些地方做過哪些事情進行報告。

我在史丹佛大學或UCLA（加州大學洛杉磯分校）的授課內容等都是用Power Point完成的，並且幾乎沒有離開過桌子，所有的資訊都是從網路上抓取得到。以我曾經做「區域國家論」的講義內容為例，調查關於祕魯共和國時，從網路上搜尋到的除了地圖和歷史資料外，還出現所有關於共和國的資訊，利用電腦剪下、貼上（cut and paste）的編輯功能，就整理出我想要的相關內容，統計數字也是用相同的方式。現在網路上幾乎可以得到所有的資料，能否善加利用，就顯現出資訊收集能力的差異。

另外，在網路上也可以招集同伴，從一般的聊天程度到使用用戶群組（CUG），決定話題後和沒見過面的人進行腦力激盪也是一件不錯的事情。用戶群組可以和在某個領域中最先進的人共組一個群體，這個群體中互相登記通訊名單後就可以進行對話。若不擅長英文也可以與日本國內頂尖的七個人共組用戶群組，藉由此方式除了可以為個人收集到資訊，也可以做到前面提到的收集公開資訊。所以希望各位務必都能成為這方面的高手。

關於收集資訊，我的另外其他做法是「深度訪談（In-depth Interview）」和「抱持好奇心進行訪談」。例如，這樣的商品如何？可以如何運用在家庭裡？出現疑問時，就前往住宅區找尋特定的家庭主婦，然後花上一個小時的時間仔細詢問。

雖然只有少數的人，但若深入交談也有可能出現好的構想，所以請試著與五位左右的主婦們交談看看。當A女士如此回答，認為這就是答案時，B女士可能又會出現不同的說法；接下來再聽C女士的回答，又有新的答案出現，於是就可以將三個人的說法整理出共通點。如此增加至四人、五人繼續找出共通的項目，自然而然就會出現藍圖。這種做法可以當作是決定主題的訓練方法。

最初可能從五十人的問卷調查內容都無法創造出新的構想，但是透過人與人之間的深入談話反而可以有效地產生構想，這兩種訪談方式就是基於這種思考方法所產生的做法。但是，為了更能代表多數人看法，至少選定具差異性的五個人，才比較容易整理出構想。事實上，先決定這個構想是否具有市場性，然後再讓更多的人參與，也就是實施問卷調查，這樣的順序才具效率。

毫無目標向對方提出問題並不是好方法，應該去何處詢問什麼內容，都必須事先經過設計。我曾針對「如何提升汽車銷售員品質」這個主題做問卷調查，當時走遍全國的經銷商並且對銷售員做直接面對面調查。

「銷售不好的銷售員站在左邊、差不多的在中間、賣得好的站在右邊」然後開始進行訪問，分別聽取他們不同的回答。了解到銷售不好的人為何賣不出去，而好的銷售員為何能順利銷售。在巡迴全國的途中，就得到了「如何讓所有的人都能成為好的銷售員」這個主題。

和人交談聽取對方的話非常重要，但是必須要避免預設答案進行詢問。答案不是向別人詢問而得來的，應該是自己導出來的結果。「這個商品為什麼賣不好？」、「之前的商品明明賣得很好不是嗎？」、「到底是為什麼呢？」提出各式各樣的疑問，從對方的回答中，將自己所感受到的部分放在心裡。

我在麥肯錫的時候，早餐、中餐和晚餐，一年當中各二百二十次和別人一起共餐。因此一年就可以得到六百六十個新的資訊。早中晚、一個星期，甚至一個月後或二個月後的飯局都安排好了，於是就可以將自己不知道的事情，或是原來不感興趣的問題提出來和對方討論。雖然只是餐會，但是持續二十五年，就可以變成像我這樣的人——可以不受限制地湧出構想，變成別人詢問我的問題幾乎都是我曾經思考過的內容了。

所有的資訊都要自己收集，不要依賴雜誌或書中所寫，必須自己收集才算是第一手資料。我所有的資料幾乎都是第一手資料，所以我的著作中從未出現過參考文獻。對自己提問題，然後再將自己所思考的寫作成書。

另外，有效活用時間也是相當重要的事情，包括週末，光在床上打滾太浪費時間了，試著在睡前想出一兩個構想；而漫無目的地看著電視也是沒有意義的事情，大部分的電視節目幾乎都很無趣，如果要看電視的話倒不如看看廣告。而且要假設自己是公司的宣傳主任，是不是會同意這樣的廣告出現，試著對廣告內容做出評論，這樣才會對自己有幫助。

假日的高爾夫練習也是，若少打一場高爾夫就會多出很多的時間。利用這個時間，希望各位試著思考我曾對你們提過的生存方式。

當然每天都做這樣的思考和練習，必定會覺得喘不過氣來，這個時候再去露營或打高爾夫都可以，這樣才能得到好的平衡。

學習前輩然後發問

學習創業家的來源，包括多多閱讀創業家的成功故事。例如報紙偶會連載「我的成功故事」之類的文章，雖然大部分都是一些無聊的作品，但偶爾也會出現有趣的內容。另外由第三者所寫的東西也可以，閱讀後將成功的創業家的發想模式學起來是很重要的。

經由閱讀創業家的種種經歷，漸漸就會看出成功者的共通模式。我所發現的模式就是先前所提到的「好奇心」。「這樣當真可以？真的正確嗎？」這種「好奇心」就是成功者的共通點。

例如創立ＹＫＫ的社長在日本報紙「我的履歷」專欄中就提到以下的內容。「戰爭結束後前往歐洲，看到女性穿著後背部位衣服間留有很大縫隙的晚禮服，有著像是要侵蝕肌膚般冰冷的鋁銅拉鍊。當時想到應該有解決的辦法才對，於是開發了尼龍質地的拉鍊」。

結果ＹＫＫ成為了世界上最大的拉鍊公司，這是一個初次到國外有深刻體驗的年輕經營者的故事。在歐洲他看到了接觸肌膚的拉鍊，也讓他看到了商機。

山葉（YAMAHA）的川上源一先生也是在大約相同的時候，前往美國感受到不同經驗的經營者之一。美國在和日本結束戰爭沒有幾年的光景，休閒事業卻已經成為一大產業，人們熱中於休閒旅遊。看到這番景象的川上源一也深信，總有一天日本也會復甦繁榮，進而將金錢投資在音樂、運動和休閒上，將事業集中在休閒相關產業。

當時只是製作木琴和風琴的山葉公司選擇進入休閒產業界，乍看山葉的事業，包括摩托車和船、鋼琴和小提琴，看似沒有關聯性，但其實共同點就是休閒。

這些都是令人感動的故事，因為身為企業家，川上源一卻擁有如此獨特的觀察能力。不單單考慮到日本的休閒，也普及到音樂方面。為了振興當時仍然只有少量鋼琴的日本音樂，體會到首先必須先從音感遲鈍的孩童時期開始，讓他們接受音樂。因此成立了山葉音樂教室，讓三至四歲的孩童在此學習音樂，自然而然畢業的學童都會購買鋼琴，這使得日本之後在全世界反而是鋼琴普及率最高的國家。

川上源一先生並沒有進大學的求學經驗，但在事業的發想能力方面，我想恐怕是戰後日本人中最優秀的一位。總之先觀察，然後常保自己的思考能力。學校的成績是否優異，和事業創造力全然無關。

成功者在看待事物時，一定會思考三個重點，那就是：「換成自己會如何？如果這麼做的時候，競爭對手會如何出招？顧客的反應如何？」有沒有將公司（Company）、競爭對手（Competitor）和顧客（Customer）這三個 C 牢牢記在腦中，是重要的關鍵。「對於客戶的需求，要能持續提供比競爭對手相對更優異品質的商品及服務。」這就是策略。

出現構想後加以評估，向前輩們學習思考的模式，不學習已經獲得的答案，而是學習思考的模式，這才是最重要的。

①Orange 共濟組合：是由參議院議員友部達夫的政治團體所經營的互助團體，以推出號稱利潤達百分之六至七的「Orange Super 定期型」商品，集資約九十億日元，但資金的絕大部分均挪為政治費用或私人使用，一九九六年破產，使得大規模的消費者蒙受損害。

②KKC：成立於一九九五年，全名為經濟革命俱樂部的一個組織型詐騙團體。主張所謂的「非常識經濟理論」，從約一萬兩千人身上集資約達三百五十億日元，而後因涉及詐騙，該社社長於一九九七年遭到逮捕。

第三章

數位時代的新事業思維

冠軍身價是亞軍百倍

現在正在進行的是震撼世人所謂數位資訊革命的第三波，昨日的一般常識在今天已經不適用，新的事業接二連三陸續誕生。

站在這個時代的入口處，可以產生出怎樣的新構想呢？從創業家商業學校優秀的學生中，老實說也出現了一些不得不令人佩服的構想。創業家發想就是要抓得住某些重點，在這裡我舉出二、三個例子來做評論，提供各位參考。

首先是在小眾媒體中獲取廣告收入為前提的事業計畫。這個計畫是針對棒球、足球乃至於一般業餘運動的愛好者為對象，收錄他們比賽的實際狀況，並製成影帶販售。

這種影帶製作專業，就像電視中的實況轉播一樣，同時也錄製說明比賽過程播報員和解說者的聲音。由於製作成本的比例關係可能使得銷售利潤不高，所以考慮在影帶中加入運動相關企業的廣告，以上就是發想此案者的計畫。他的思考重點在於：「不是向大眾傳播媒體中不特定對象的消費者進行廣告宣傳，而是可以針對特定少數鎖定購買階層進行廣告，所以應該會有很多感到興趣的贊助廠商參與。」

這個發想相當重要。從以前的廣域傳播方式，到縮小範圍針對特定目標進行的狹域傳播，再到今天眾所矚目的單點傳播，這個事業構想至少可以說是鎖定狹域傳播的廣告收入。

將鄉鎮中所舉行的棒球比賽製作成現場轉播錄影帶，的確是個很奇特的發想，但是若將目標放在廣告收入，就事業角度來看就不及格。因為基本上這是與現在全球發生的現象相牴觸的。例如老虎伍茲在一九九七年的高爾夫大師賽中獲得優勝，當時的《運動畫刊》（Sports Illustrated）報導：「凱特（Tom Kite）雖位居第二名，但就像第二次大戰中德國第二的意思是一樣的。」因為比賽優勝，老虎伍茲的商品價值在全世界提高數十倍；若以金錢來換算，遠超過一千億日元。

第二名以下的人，不管是凱特或是葛瑞．諾曼（Greg Norman），絕對不可能會有贊助廠商來洽詢。在老虎伍茲登場之前是葛瑞．諾曼的天下，但相信今天沒有人會花錢去購買「葛瑞．諾曼的高爾夫球教室」錄影帶；相對的，只要是伍茲的相關產品，什麼都好。

當所謂的狗仔隊將目標轉向時，高爾夫在這個時候就會消聲匿跡一段日子。就好像畫圓一樣，贊助廠商這回也會跟著轉向另一頭。例如我擔任顧問一職的ＮＩＫＥ公司就持有伍茲的電子肖像權，公司裡有從全世界湧進大批與老虎伍茲相關的電玩軟體企劃案，合約金額勢必扶搖直上，最後竟然超過十億日元。軟體中並非出現伍茲真正的影像。只是利用電腦繪製模擬影像出現在遊戲中就要花費十億日元。

類似的案例不勝枚舉，籃球方面卡爾．馬龍（Karl Malone）堪稱一流選手，但是麥可．喬登和卡爾．馬龍的差卻是一千億日元對十億日元的差異。總而言之，對於超級英雄有著無從比較的天價，這就是數位社會的特徵。若全世界的球迷每個人只花費一美金觀看，單這樣的想法成立的話，就有一億美金。因此，若說要在鄉鎮運動的實況轉播錄影帶中募集廣告主的話，勢必困難不小，但也不能斬釘截鐵的說此方案不可行。

網路無法立即事業化

另外一個事業計畫是利用透過網路收費，提供醫院相關訊息方案。由於一般人在生病時不知道要選擇那一家醫院就診比較恰當，若這個計畫得以實現，勢必成為相當有幫助性的網頁。

但是，一旦要成為收費網站就會出現很多困難的問題。因為若在網頁中出現對於某醫院不利的消息傳出後，很可能會發展至訴訟問題；另外，若沒經過確認，刊載了錯誤的資料，使用者因為相信而遭到利益損害時，一樣也會面臨訴訟問題。總之事業化後所要挑戰法律方面的風險都過大。

雖說網路已經成為一股潮流，但若馬上將這種現象當成做生意的素材就大錯特錯。因為網路上的資訊，事實上絕大多數都不需支付費用。我本身在日常生活也使用網路，但需要付費的就只有「旅行者的利益」（Traveler's Advantage）。這是一個提供飛機票和飯店折價訊息的網站，支付美金五十元成為會員之後，可以隨時獲取以上資料外，想要購買的機票也可以直接從網路上購得，實在相當便利。

透過網路使用時，只要在電腦上鍵入出發點及目的地，大概就會跑出十幾個方案提供選擇；進一步提示飯店或停留地點的預算後，就可以瀏覽符合該條件的飯店訊息。從當中選擇其一方案，甚至最後會出現類似旅行業者常常提供的旅程表內容。支付五十元美金不但讓我節省幾十萬日元的旅遊費用，並且省去往返旅行社及打電話聯絡的時間，優點相當多，甚至聯邦快遞還會將資料送到家門口。全家邊看電腦畫面、邊討論旅遊方案也是一件快樂的事情，最後再將想要購買的最便宜機票委託旅行社去訂購也無妨。

總之，若想要將網路費用化，就必須要擁有強而有力的內容。通常網路事業都是靠廣告來維繫；不收費的話，就得儘量讓多數的人進入該網頁，將此當作武器收取廣告費用。雅虎等搜尋引擎，就是因此得以成立為公司。雅虎網站一天大概就有六百萬件的熱門廣告，針對年輕族群的廣告刊登而言，是相當龐大的流量。

金融改革帶來的機會

過去曾出現成立網路虛擬金融顧問公司的方案，這個方案將矛頭指向金融大改革，是一個可以在網路上銷售國外金融商品，並且提供諮詢的計畫。它是針對一九九八年四月開始實施外國貨幣管理法的制度鬆綁所提出的。

和前面兩個方案不同，這是比較可行的計畫，但我在這裡指出兩個缺點，若可以克服的話，應該就可以成立事業。其中之一就是，這個計畫不單單是可以利用網路購買國外多樣化的金融商品，而且它的賣點在於可以獲得推薦購買何種商品的諮詢，所以最重要的是要詳細載明這些諮詢顧問是如何募集而來的。國內沒有金融機構的人才，尤其是精通國外金融商品的人才，這點是現況，若能招集這些人才，就可以繼續畫這塊大餅。

另外這個計畫的發想者，想從國外金融機構的廣告來維持主要收入來源，但這點是不可行的。因為國外的金融機構，像這樣的網路事業已經是一般化的普遍現象。若進入倫巴帝代理商（Lombard）和嘉信理財（Charles Schwab），以及一度急速成長的億創理財（E*TRADE）等網站的話，就可以看到滿滿列出可以用英文購買的商品明細。為了因應一九九八年四月的到來，一部分的金融機構也著手準備提供日文服務。接下來就會開始提供這樣的服務，所以絕對不會發生廣告主需要花錢來打廣告的情形。

如此看來，這個事業並不能用一般手法執行。我提供的建議是，與其招集有能力的理財顧問或是募集國外金融機構廣告主，倒不如自己開設一個基金經理人的網站，藉由管理他人的資產，理所當然收取管理費用。美國的基金經理人若幫委託者賺取三百萬元就有四十五萬元，相當於十五%的佣金收入。

日本的利息在九七年時處於有史以來的最低位置——不到一%，但放眼看國際間的現狀，多的是五%或十%的商品；再看看花旗銀行新加坡分行的網站中，甚至寫著「只要有存進三萬美金就可以借貸五倍的資金。請利用此筆資金選擇本公司的投資商品」。意思就是將三百萬日元的資金變成一千五百萬，當然一千二百萬借貸的部分必須支付一點六%左右的利息，若投資僅獲利五%的話，支付完利息部份都還有小筆獲利。本金三百萬日元就有機會創造五十%的利息收入。像這樣的商品在國外相當多，若被基金經理人發現這樣的商品，我想投資者一定開懷不已。受到金融制度的鬆綁影響，這樣的方案十分可行。

金融業界正面臨這樣一個激烈轉變時期。不論任何事情都講求實際績效，若想在此有所發展的人，首先就要懂得善用英文網站，實際操作至少獲利二十五%或三十%的成績，例如我就有在一年間將自己一百萬日元的資金變成一百二十九萬日元的經驗，若當做未來可發展事業認真操作的話，絕對可以有更好的數字。將這樣的資訊告知顧客：「我在去年用這個方法獲得三十五％的利息，今年也會繼續這樣做。若您的資金也大量獲利後，我將收取十五％的費用，如何？要不要也用同樣的方法來試試看。」用這樣的字眼加以利誘，我想這個事業應該可以成功。因為國內的利息不過百分之零點幾的利率罷了。即便是百分之五，我想就會出現不少投資者。接下來會有更多人自己上網收集商品資料，但暫時還沒有辦法自己購買商品。因為投資是存在風險的，所以希望能有鼓起勇氣大膽嘗試的氣魄。

評論他人提出的方案部分就此打住，接下來和大家分享我自己的構想。話先說在前面，因為我可以接二連三不斷湧現新構想，所以公開十個或二十個構想讓大家知道也沒關係。

超越國境的概念

蘇比克灣是菲律賓的軍港，之前是美軍所使用，撤退後成為特別區。在前總統羅慕斯（Fidel V. Ramos）的運作下脫離體制，得以不同於菲律賓本國，而成為類似一個「區域國家」的存在方式。承襲了菲律賓的優點，勞動成本低廉及具有多數優秀的勞動者為其特徵，同時更摒除了治安不良等缺點。因為是軍事基地，所以可以做到設立出入境關卡，僅讓持有特別護照者進入。

這裡不只擁有港口，更擁有位於中樞位置的大型機場，是個出入口相當好的位置，只要四個小時的時間就可到達日本東京。氣候四季如春、風光明媚。在此地區建設老人安養中心就是我所提出來的構想。

現在，在東京設置特別老人安養中心，平均每花在一位收容者的費用為一億日元。資金的部分尚可籌措，但卻缺乏照顧者，若要確保具有護理師資格就更加困難了。

若可以在蘇比克灣建設老人安養中心，就可以用非常低的成本進行大量的建設及提供服務。三房兩廳的住宅提供給夫婦二人生活，配置一位照顧者。五個人中就有一位具護理師資格，並且提供會開車的高爾夫球僮。過這樣的生活，只要花費所領取年金的一半（每月十五萬日元）就足夠。讓東京的年長者到了六十五歲時，可以在許多方式中增加這個選擇的機會。另外讓居住在寒冷地方的人，選擇只在寒冷的冬天前往蘇比克灣，也是其中的一個方法。

大部分先進國家的老人，像義大利的老人就往南行；英國的老人往葡萄牙去；加拿大則去溫哥華；紐約的老人前往南卡羅來納州至佛羅里達一帶，國境的概念已經愈來愈淡薄。如同前面所提到的，蘇比克灣有大型機場，自治體能夠讓特別飛機入境，如此就可以實現和家族成員定期的交流。若在意自治體，則可利用直航班機，往返不到四萬日元的費用，大約是利用折扣機票去馬尼拉的價位。

我曾有機會和該特別地區的開發管理中心主席李察．葛登（Richard Gordon）碰面，順便詢問了實現這個計畫的可能性，包括護理師和照顧者問題都得到了非常肯定的答案。通產省（現經濟產業省）所主導的「銀髮哥倫比亞計畫」雖為類似，但西班牙太遙遠，可能性較低。我們在看過歐洲及北美的例子後，就可得知選擇幾個小時內可到達的地點是一大訣竅。（編按：南投縣埔里鎮也有類似的規劃，以日本銀髮族為對象。）

網路事業的成功關鍵

在前面提到過利用網路進行事業發展遠比想像中困難，但美國先行多年，網路的三分之一已經為商用目的，世界各國遲早也會跟美國一樣，只是數年間的差距而已，在這段期間可以選擇參考美國已經成功的網路事業成為自己的未來事業。

看看美國成功的例子中，可以知道幾乎全部都是資訊外加某種附加價值的網站，無一例外。例如全世界最大的亞馬遜網路書店，是一個可以在網路上訂購書籍的一種虛擬書店，使用者除了可以在此網站中找到所要的書籍，更可以從中獲得關於此書的各種相關訊息。

有很多讀者聚集在這個網站中，分享他人的讀後感想，或與同類書籍比較的互動式談話。成為一種使用者除了獲取所需資訊外，也可以購得最符合自己需要書籍的一種機制。

也就是說，網路不僅單純作為提供資訊的手段，更要賦予附加價值。另外，郵遞費用在美國不到一美金，實在相當便宜。若在日本也能只花八十日元左右的郵資就能將書籍寄達的話，一定也會成為一大事業。

亞馬遜現在堪稱網路上最大商場，現在類似這樣的商用網站還有很多，例如 Wedding 411 就可以提供結婚所需的一切常識，並接受委託辦理。不僅針對結婚當事人，甚至連參加婚禮的人，也提供他們選擇各種形式的結婚企劃案，甚至包括小禮物內容等瑣碎問題的諮詢。這也是一個不單提供資訊，並且在網路上衍生出附加價值的一個很好的例子。

由於語言的關係，所以要進入國外市場並不容易，但若提出想負責本地市場的提案，我想實現的可能性相當高。藤田田先生的麥當勞，在三十幾年前就是這樣開始的。（編按：藤田田是日本的實業家，原經營專門進口國外商品的雜貨店，一九七一年把麥當勞引進日本，一九八九年設立了玩具反斗城日本分公司。）

國際競爭力取決於「製造中樞」

日本的基恩斯和美國的NIKE兩家十分優秀的企業，並沒有自己公司的工廠。例如NIKE在亞洲太平洋地區擁有四十處生產據點，但全都採委託生產方式，沒有自己的工廠，每半年約有百分之四十的商品變更。一年的時間幾乎所有的商品都可以替換掉。

通常在這種替換速度下，若沒有自己的工廠實在很難控制，但是NIKE和基恩斯就可以辦到。祕密就在於工作站（workstation）的技術。在工作站上管理所有的生產資訊，將生產或訂貨以及生產方法等資訊即時傳達至各個工廠。除此之外，若需要生產技術方面的指導或進行品管的人員時，針對需要的地方或時間再前往工廠現場進行支援。NIKE中像這樣的人員，在香港和新加坡的據點就有八百人左右。

NIKE不僅在運動鞋，包括衣服方面單在亞洲就為五十萬人製造就業的機會，造就了過去的日本、韓國以及台灣。現在則以中國、印尼及越南為主要三大生產國家。

日本企業若要學習轉變為這種生產方式，工作站以及現場支援工作人員的設置據點，符合製造中樞（manufacturing hub），理想地點就在沖繩縣。自從美軍將基地歸還以來，這裡留有二十四小時可以利用的大型機場。從這裡往來亞洲各國比東京更可省去兩個半小時，並且使用日語環境。若意識到主要環境為中國大陸的話，也可以選擇能夠兼顧海、空的長崎作為候補地。

日本企業的海外生產，一直以來都是建造自己的工廠並派駐幾名工程技師，不僅花費成本，且不管派駐幾名員工總是仍嫌不足。新力現在光在馬來西亞就有十個工廠，因為各個事業部各司其職的經營方式，所投入的工程技師相當可觀。若在一處設立製造中樞，生產就可以全部在此支配統籌，相信可以大大提高效率。

NIKE和基恩斯都是被迫實現這樣的制度，確立工作站的技術與製造中樞的經營know-how，將此設置於沖繩，該企業的國際競爭力勢必高漲。然而，沖繩無法實現經濟獨立的立法要求，若是基於自由度受限，那麼我所建議的馬來西亞多媒體超級走廊（MSC）就可以符合這個目的。

善用SOHO

一九九七年的時候，美國景氣很好，這現象也被稱為電腦景氣，事實上大企業仍持續整頓公司內部員工，但是景氣卻上升，失業率等也同時創下了有史以來的新低紀錄。

這個原因就在於SOHO（small office home office），也就是在家設置辦公室或每週幾天在家工作的人對於電腦的需求，牽動整個美國的好景氣。

美國的稅制對於採取SOHO方式所花費的相關費用，在申報時可以列為必要經費作為扣除項目。只要一百平方公尺面積中有三十平方公尺作為辦公室用，從書架到辦公桌、電話、事務用品全部都可以列為必要經費。

在大公司紛紛進行重整及裁員的另一面景象是，自己創業和每週幾天在家辦公的人，或是週末在家利用網路打工的人暴增，全美甚至有四千二百萬人稱為SOHO相關人口。SOHO最大的設備投資就是電腦，所以就有這麼多的人為了工作需要而購買電腦，美國景氣理所當然持續好轉。

買了電腦後，自然而然對於印表機和掃描機就有所需求，當然包括各種軟體，例如「Quicken」等家用會計軟體就賣出一千萬份，因為想將家庭和SOHO工作的帳目清楚區分的人，就會注意到這個簡單便利的管理軟體。

另外還有一個軟體「Family Royal」，幾千個宛如正式律師函的契約範例就附在光碟裡，定價為九十八美金。這個軟體的銷售量也和「Quicken」不相上下。若也賣出一千萬份的話，就等於創造出一千億日元的營業額，可想而知景氣當然不可能不好。

還可以想到許多除了電腦以外與SOHO相關的事業。由於在美國可以列為必要經費，所以自然就會想到要將其中一個房間重新整理，或是整個房子重建或是增建。日本由於空間不夠，所以可能比較不容易進行增建，但是若在住宅區內建設一些事務性大樓或是租借大樓，來提供作為比較靠近住家的辦公室，說不定是一大賣點。因為接下來的日本應該也會漸漸出現這種ＳＯＨＯ模式。

能控管物流者勝出

美國亞馬遜網路書店之所以能夠如此熱門，原因在於它相當便宜的郵遞費用，在亞馬遜訂購書籍，郵遞費用通常只需美金一元；較輕的紙袋甚至只要二十五分錢。相對於此，利用日本的宅配服務寄送一本就要六百四十日元。

為何會需要如此高的費用呢？當然理由包括郵政事業是屬於制度下被保護的事業等等，但我認為是智慧及構想的不足。若想要做的話，絕對能夠以和美國一樣的價格就可辦到。

首先，第一個方法就是利用報紙零售店的銷售網。報紙零售店其實已經屬於衰退行業，報紙說不定仍會持續印刷出版，但零售店肯定會消失。接著報紙刊登的新聞漸漸數位化後，大眾就會利用數位電視的畫面來閱讀報紙。早上起床後按下數位電視的開關，先瀏覽標題，將必要的資料列印出後就可以在車上慢慢閱讀。這樣的時代近在咫尺。總而言之，全日本幾萬處報紙零售店的銷售網就要無用武之地了。

順帶一提，就連郵局的配送網也會變成跟不上時代的產物。目前我個人的信件已經絕大部分換成電話和傳真的方式，送信者送來的大部分都是垃圾信件。藉由數位電視的普及，一定也都會轉換成電子信件的方式。如此一來，十四萬人的郵差和數倍之多的報紙派送者，相當於一百萬人的雇用，往來穿梭於全國就變得沒有意義。

我的想法就是利用這些報紙零售店網絡，重新建構成宅配系統，將零售店網路改組成為各個地區的配送公司。這個配送公司包括報紙和一般郵件，一天彙總一次投入家中信箱。如此一來，計算實際的成本後，收取一百日元的費用應該就會有利潤；相較於美國書籍的配送只需一百日元程度，而日本卻要六百四十元，實在讓人無法接受。國土相對狹小的日本，費用甚至應該要低於一百日元才對。

第二個降低郵遞成本和宅配成本的方法就是不要做宅配的服務。剛剛所提的方法已經可以大幅降低宅配成本了，但這個方法可以更便宜。我的構想，簡單來說就是消費者到每天都必須前往的車站，去拿取原本送至家中的郵件就可以了。在車站設置信箱，利用者只要在每天回家途中順道繞過去信箱，就可以自己拿回信件和書籍等郵件。若是較偏遠利用車輛通勤的情況，則可將信箱設置在離家最近的加油站，取消宅配改為集中式配送。無法下床行動的老人或是無法自行出門的人，則另立照顧者代為取件的配套制度，這個部分則由政府來負擔其費用。當然也要建立像聯邦快遞一樣，有一套隨時可以知道郵件處理進度的電腦管理系統。宅配的話一份需要二百日元，這麼做只需一百元；若宅配需要一百元的話，那麼這樣就只需五十日元。

網路時代的大變革中，物流的領域會愈顯重要。飛機票和演唱會入場券、書籍以及生活用品各式各樣的東西都可以透過網路販售，也就意味著這些物品或服務必須透過某種方法送達至顧客手中，因此網路時代可以說是控管物流者的天下。

雙向互動才能稱王

衛星電視蓬勃發展，Perfec TV、J sky B和direct TV再加上數位化地上波共有四百五十個頻道。若能控制電視軟體，就好像可以變成衛星時代的王者，但我認為，這不過是錯覺罷了。因為不論是衛星或是地上波，不過都是單方向的媒體而非雙向媒體。

若要成為衛星時代的王者，只有雙向才能取得優勢。將電視和電話線連接，利用電話可以讓電視台方面做出視聽者各種需求的因應；也就是雙向的網路電視。例如若想收看某人的某個節目時，只要按下電話裡設定的會員按鍵，接著這個人的節目就會透過衛星傳送過來，是一套可以依據收看時間收取費用的系統，電話線的另一端有伺服器的接收。總之利用這樣的系統，電視就可以網路化。

按下電視開關，最初的畫面可以就設定為網路型態，可以選擇瀏覽電視節目表，我的習慣則一開始先選擇看報紙。掃過標題再針對想看的內容仔細閱讀。接著叫出電子信件，和朋友交流。再來就是從廣告郵件中選取感興趣的部份閱讀或是將之列印出來。報紙的閱覽費用由視聽者來支付，廣告郵件則由在網路上刊登這些資訊的企業支付費用。

週刊雜誌的部分也是會跟掛在車廂中的廣告一樣，有各家彩色繽紛的雜誌封面標題，有必要時再按下滑鼠叫出內容。週刊雜誌在報攤購買要花三百日元，用這個方式閱讀只需支付一篇報導三日元的費用。只要有一百萬人閱讀，就連一篇兩頁短短的報導，就可以有三百萬日元的收入。再分別做出版社、媒體運作公司以及作者各一日元的利益分配。若成為受歡迎的連載報導，單單兩頁內容，作者每個星期就有一百萬日元的收入，這比任何一家的雜誌社稿費都來得高。若是具話題性的特別報導，肯定超過一千萬人次的閱讀。就讀者來說，一本雜誌中若想閱讀十個報導，閱覽費用也不過只需三十日元，實在是個不痛不癢的數字。

像這樣的數位電視將會轉變二十一世紀的商業潮流。或許有人會認為電話線無法容納如此龐大的資訊，但只要加設ＡＤＳＬ（非對稱型數位傳輸線路）這種加速器，就可以流通十五ＭＢ容量的資訊。所以即使在沒有光纖網路的住宅裡，只要擁有現有的電話線再加設ＡＤＳＬ就可以實現。

電子商務衍生的商機

電子商務就是指利用網路空間直銷的商務往來方式。或許這麼解釋還是有人不清楚。簡單的說，像是奇異集團等歐美大型企業已經進行的在網路上做商品調度的系統，例如「已經完成品質不錯的商品，不知道有誰有意願購買？」像這種時候就可以利用這個系統；相反的，就企業角度的話「本公司隨時隨地都需要這樣的商品，不知道有沒有零件廠商可以供應？」這個時候也可以利用這個系統做調度。日本ＮＥＣ每年二兆日元的零件調度就是全部利用此系統，發表後曾引起相當大的話題。

若將此電子商務一般化推廣後，零件廠商和最後組合廠商間的批發商和代理店就沒有存在的必要性；另外也不需要採購部門，設計者可以利用此系統從全世界最具競爭力的零件廠商手中直接購買所需物品。完成後商品的通路也會起同樣的變化，所以批發或代理商的機能就沒有存在的必要性，產業隱藏著發生激烈轉變的可能性。具危機意識的批發商，面臨這樣的一個時代早就開始摸索如何讓自己成為這個電子商務的主導者。數位時代中，不論批發商或是類似行業都已經面臨即將消失的危險性。但是卻也同時存在新事業的機會。

批發商在電子商務上可以成為提供建議的顧問，幫設計者找尋最合適物品；另外，代替廠商尋求最具魅力的顧客，如此一來，批發商反而可以在電子商務中成為資訊中樞，而再次得到發展。

人的本質是碰到麻煩的事情就想避免，例如現在幾乎已經可以在網路上找到所有的資料，但若出現有人代為將資料做篩選整理的話，還是會有人願意花錢來獲取此資料。

高齡社會商機

前面提過國外版的老人安養中心，現在來談一談日本國內版本。這原先是堀田力先生的構想，在我參選東京都知事時，拿來當作其中的一項政策。

這是針對現在國家推行的特別養護老人中心計畫所提出的，該方案將來勢必來不及應付社會高齡狀況，即使得以實現，也肯定會演變成像舊厚生省前事務次官岡光序治一樣的瀆職事件，蘊藏著種種問題。該案提出了將獨居老人以三至四人為一個單位同住一起的計畫。從這三至四人當中一位的住家進行改建，成為無障礙老人容易居住的環境，讓他們可以在此生活，然後再將其餘人的住家轉售，這筆收入足以支付改建的費用及未來支付照顧者的人事費用。

特別養護老人中心在目前東京這樣高地價的地方，光是建設費用，平均每一個人就需要一億日元；收容四位老人就要花費四億日元，完全不實際而且荒唐。在千代田區等地，光等待入住安養中心這段期間，可能就有很多年長者終老而死。

在這裡所提出的方法，基本上是由利用者，也就是老人們自己負擔部分費用，再加上政府的援助，所以比較可以期待，若想做的話應該馬上就可以付諸實現。接著該營運公司再針對從各個年長者提供的土地房屋進行財務規劃，並且培育照顧者，進行安養中心一戶一位的派遣照顧。不僅照顧老人的飲食問題，也會徹底實施醫生和護理師的定期巡迴檢查。一旦尚未使用完當初提供的資金就去世時，也要將清算後的部分轉交死者家屬。這種方式若交由民間來進行，不論速度或服務一定可以做得非常完善。

本來應該交由行政單位來執行，但他們只有興趣將此當做政治權利來建設安養中心，所以還是交由民間來執行比較理想；也可以和保險公司共同合作，將財務的部分交由他們來處理。總之要採取非常手段進行開發，才能克服即將面臨的高齡化社會問題。

廢棄學校賺大錢

既然提到老人問題，我們也來談談以小孩為對象的事業機會。歐美國家和日本小孩在生活上最大的差異點，就在於暑期夏令營的有無。不管是歐洲或美國，會讓小朋友參加長期的夏令營，透過活動來學習團體生活和如何在大自然中生活的方式。義工活動和社會生態學的思想在歐美早已根深柢固，就是因為從小就開始灌輸這樣的觀念。因此提供優質的夏令營，應該是可以成功的生意。夏令營是一個不輸學校產業的巨大產業。

現在的小孩還是被考試和家庭作業追著跑，但是有一天父母親也會意識到為了考試而讀書的荒謬。好好讀書、念理想大學，進入一流企業、金融機關或是公家機關，然後滿目瘡痍入監服刑。這並非笑話，而是最近所謂優秀人士血淋淋的真實狀況。若不至於進監牢，可能也會被勸退辦理提早退休。自己創辦事業或是在企業中發揮企業家精神不可或缺的人物，都是不拘泥於學歷的人。

若前往日本較偏僻的地方，可以發現到處都是可作為實現夏令營的設施。廢棄的校舍或體育館就這樣棄置不管，一些地方的游泳池和體育場說不定都比都市來得豪華。社區行政大樓也幾乎無人利用。

捨去四天三夜的小型夏令營，至少要一個月，最好能有兩個月的長期夏令營，才能好好鍛鍊小孩成長。如此一來，有很好獨立底子的優秀小孩就會愈來愈多。相較之下也會對於自然和社會抱持更大的關心。在這當中說不定也會出現第二個老虎伍茲。

從事新事業時，若該事業具有社會層面意義，創業家更是會釋放出數倍的熱情。我將這種事業的構想開誠布公，不單只是傳授發想方法，當中針對「企業的社會性」這部分的思考方法，也希望各位能有所吸收。

學校有問題，所以有機會

當今的教育系統露出破綻，例如大學畢業後也不會說英文，大學的經濟系畢業卻不知道全世界企業社會發生什麼大事……，這些都是老師的錯。因為大部分的人畢業不會使用實用性英文，也不知道實際的經濟及經營，這是因為教學的盡是一些不講求實際的紙上作業老師。

就我自己的經驗，我在東京工業大學學習原子爐工程學，在前往美國麻省理工大學留學後，才驚覺自己在日本所學的完全不適用。不管哪種原子爐設計的方程式我都能解，但當被要求試著作幾公尺的原子爐時，完全不知該如何反應。「理論上應該行得通」，但對方要我做的是「別管什麼理論，試著做做看三公尺大的原子爐」，這就是我所感受到的震撼。在日本從沒有過將實際的數據放入方程式中，所以這使我真正感受到所謂的文化衝擊。車輛的設計和電腦製作方法也是，在日本大家都是畢業後進入企業才再一次接受教育。

學校教育應該要面臨大改革才行。專門學校和職業學校已經蓬勃發展。就像應付升學考試所設置的補習班連鎖化一樣，若將這種實施實務教學的機構變成產業，一定會大大成長。若連結生涯教育這個領域就更加有前途。

若學校無心推行，教育的事業怎樣都可以做。其中一項就是利用衛星傳播進行教學，也就是所謂的遠距教學。我是MIT的職員，這裡有無數非常好的教學素材。光是教授宇宙工學這門課，相信就會給予日本的學生及研究生相當的刺激。

不論是史丹佛或是劍橋大學，都擁有相當棒的教材。MIT在造船工學或宇宙工學這方面領域中，光一支教材軟體製作就會花上一億日元左右。日本的野雞大學若在教學中也能利用這套教材，全世界就可以進行相互教育。

就像所有娛樂的軟體集中在好萊塢一樣，若成立集中全世界優秀教育軟體的圖書館，肯定也會受到矚目。佔有一個衛星傳播的波段一年只要六千萬日元，所以用六千萬日元的成本就可以開設一家專業傳播台。簽下全世界教育軟體的日本播放權，這個獨占事業在每次放映時都依據所簽訂的契約，支付權利金給MIT或是史丹佛大學，這個事業構想有十分把握可成立。

替政府紓困的商機

何以公共工程也可以變成事業呢？一定有很多人覺得不可思議。但是就是可以辦到。這都是拜政府行政散漫之賜，所以才有轉而成為民間的事業機會。

現在，在日本各地有無數投以大量資金建造之物，但最後卻變為無用武之地的設施及設備。或是建造到一半時，基於時代的變化導致工程中斷的鐵路及道路也不少。例如原本設定作為水力發電用的水壩在日本各地建設，但是其中大多數被火力或是核能發電所取代，如今變成只有蓄水池的功能。這些就可以讓它成為前面所提到的夏令營營地使用，或是成為魚池或觀光休閒地；將水庫周邊土地作為別墅土地出租，就可以有一筆可觀的土地租金收入。

這裡提出一個我的構想，在日本屬於水產廳管轄的漁港就有二千九百四十八處，其中竟然有超過二千處的漁港，其漁港的修繕費用遠遠超過漁獲量的收入。可輸入魚類的增加，現在從國外輸入的魚貨在運輸省（現國土交通省）管轄的港灣中，已經變成作為「貨物」來當作漁獲量的時代了，也就是說漁港根本沒有在使用。

漁獲量少的漁港倒不如徹底脫離漁港的身分，作為遊艇停泊站或是休閒船的基地使用，這才是聰明的做法。現在正流行釣魚，所以拿來活用作為海釣漁船基地也是可行的。或是在各個漁港建設可以處理新鮮魚貨的餐廳及住宿設施吸引都市的觀光客，就不需要每年花上幾億日元的預算去修理各港灣了。

光淡路島地方就有十三個漁港，留下必要的漁港，其他就可以改建成為遊艇停泊站或魚釣港，由於靠近京阪神，所以十分有機會成為一項新事業。從大阪也可以利用自己的船出海釣魚，然後在這個基地品嘗新鮮的海鮮也是不錯的選擇，甚至搭配建設符合當地的住宿設施。漁港獨特的骯髒和臭味，和休閒無法共存，因為原本設定的目的本來就不同；然而接下來海洋休閒的人口還會愈來愈多，日本只要能夠改變眼光就會發現豐富且正在沉睡的觀光資源。

接下來即將退休的人數佔人口的百分之二十五。這些人的自由時間不再只是週末假日。若可以讓這些有錢的人能夠更愉快地享受人生的話，這將會是多麼巨大的產業。

現在永遠有機會

我還有很多像這樣的事業構想，問題是可不可以實踐。若有一次的經驗真正體會到了，思考就會不斷湧現，不知會在什麼地方才能停住。總之就是要不斷反覆詢問為什麼來進行思考。

全世界的數位化正以驚人的氣勢前進中，使用這個技術讓以前沒有獲得滿足的消費者，在瞬間立即得到滿足的例子不少。從這當中誕生相當大的事業也是事實，因為在美國這些現象都正在發生。

另外，世界上最大的產業並非汽車，而是長期間滯留觀光（Destination Tourism），這個領域目前在日本竟是排除掉國外旅遊後所謂的「衰退產業」，並非沒有這方面的需求，而是沒有能夠讓人興奮的故事。另一層的涵義就是，對創業家而言，這是一塊絕無僅有值得挑戰的領域。

不斷製造構想，當最後覺得「就是它」的時候再全力追求。構想在事業化過程上，本來就會有各式各樣的課題在眼前考驗著。最後會發出微笑的，絕對是不退縮努力克服種種問題的人。我所尊敬的ＮＩＫＥ會長奈特先生，總是說：「做你自己喜歡的事情！」因為正是喜歡的事情所以再辛苦也不會厭煩，創業本來就是件辛苦的事情，但比起為了他人辛苦的上班族來說，為了自己喜歡的事情辛苦不是比較好嗎？沒有人會將責任強行加諸在你的身上，因為所有的責任都在自己。「不喜歡這種方式的人」就選擇領取薪水這條路、「看得到生存意義的人」就試著創業。沒錯，唯有自己才是可以做決定的真正主人。

戰後五十年。正當面臨工業化社會進入數位資訊社會的大轉型期，特別是關於新技術，對於可以親身接觸學習的年輕人而言，就像在眼前突然敞開一道「事業機會之窗」。現在正是這樣的時代。

①多媒體超級走廊（MSC）：Multimedia Super Corridor，是由前總理馬哈迪於一九九五年八月提出該計畫的發展概念。該計畫位於吉隆坡南方約七百五十公里的大型科技園區。馬國政府希望藉此發展成為如美國矽谷般的資訊科技生產應用與研發的重鎮。

②一九九六年十一月十八日厚生省課長輔佐茶谷滋因為疑似收受彩色福利集團的賄賂而遭逮捕，隔日，被懷疑也收取六千萬獻金的厚生省事務次官岡光序治辭職下台，但在十二月四日遭到警方逮捕。岡光序治從一九八九年擔任厚生省老人健保福利部長開始，就接受彩色福利集團的現金、高爾夫球證、高級轎車等賄賂，當時日本為了因應未來的高齡化社會，頒布「高齡者健保福利推進十年戰略」，岡光利用職權，將高達一百零四億日元的補助金發給彩色福利集團。

在岡光被逮捕之前，除了收賄的六千萬之外，還另外領了六千萬退職金，但因為當時的厚生省大臣小泉純一郎（前日本首相）說了官員退職領六千萬是很正常的事情，而引起民怨。（當時日本醫院寢具協會是彩色福利集團的大股東之一，而小泉純一郎正是該協會的會長，因為這個協會，小泉與橋本龍太郎因而收取了不少政治獻金。）

一九九八年岡光被判刑兩年，並追繳六千三百六十九萬日元。這是日本戰後第一個政府部門副部長級官員被判刑的案例。

第四章 企業家成功的條件

挑選師父

不論國內外，要讓事業成功都有幾種模式可依循，找到這些模式對於接下來創業顯得格外重要。

但是，在參考過去的創業模式時，不單參考成功的模式，重要的是也不要忘記去了解失敗的模式。如同打高爾夫球，不論第一擊打在平坦的球道上或是出界，甚至於打入長草區，第二次之後的進攻方式都會隨之改變。

事業的道理也是相同的，如何能成功或是怎樣會失敗，都要把它列入自己可以處理的模式中事先了解，這樣不論是在檢查確認已擬定的事業計畫上，或是應付創業後的各種狀況變化，都可成為重要的指標。

我曾在衛星電視節目《商業突破》裡主講關於「敗軍之將，沒有資格談論兵法」這些失敗模式的例子，但在這裡我想要針對有特色的創業家成功模式來進行討論。

我們將可以看出，這些成功的例子均非一夕之間獲得成功，而是屬於默默耕耘型。設定可以當做自己目標的人物或事業，謙虛地向這些對象學習，一邊開拓自己的道路，必須具備這樣的實踐力與持續力。這應該就是創業家成功最重要的模式之一。

例如軟體銀行的孫正義先生，聽說在國中剛畢業時，被激發出求見日本麥當勞創業者藤田先生的念頭。當時，藤田先生常常透過雜誌等向年輕學子傳達各種訊息，孫先生因而得到同感。在他前往美國之前，無論如何都想當面與藤田先生交談，利用電話和祕書交涉會面事宜未果，直接由故鄉佐賀特地前往東京。但是，最後當年十六歲的少年終究無緣與忙碌的經營者會面。

孫正義厲害的地方在於他十九歲時就立志要成為事業家，但最令人佩服的還是中學時期就想要求見藤田先生一事，並且實際付諸行動，創業家不可或缺的正是這股行動力。

再舉另外一位的例子，前樂清社長的千葉弘二有緣與樂清創辦人的鈴木清一先生認識，為了使公司順利邁向軌道，從創業期開始就盡心盡力，除此之外他也是將甜甜圈品牌「Mister Donut」努力推廣成為外食連鎖店成功的人物。

樂清可以說是外食產業的先驅者，下定決心將「Mister Donut」的技術由美國引進加入這塊新領域時，千葉弘二就是居於領導的位置。當時他心目中的前輩，就是以九州為據點展開家庭式餐飲連鎖樂雅樂（Royal Host）公司的創業者江頭匡一先生。在日本江頭匡一是最先將中央烹調方式及標準化經營導入餐飲連鎖的人，是日本近代的外食產業先驅。

千葉弘二事先調查行程，得知江頭匡一會由九州前往東京並住宿在帝國飯店，而且早上都會和太太一起晨跑。當千葉弘二獲得這些情報後，每天早上就會到飯店附近的日比谷公園等候。因此某一天遇到江頭匡一時，就提出想要向他請教的要求。

當然，初次見面並且是在公園街道中，沒有辦法獲得傳授經營的真諦。但由於之後與江頭匡一變成朋友，自然而然就多了很多請教的機會。千葉弘二藉著向自己尊敬的人請益，直接從江頭匡一那裡得到很多關於外食連鎖方面的經營知識，再加上自己不斷地研究，並將此活用在甜甜圈的經營。現在此二人已經是超過師徒關係的摯友。

謙虛是強者的要件

事實上被稱為「經營之神」的松下幸之助先生，也有類似的經驗值得大家學習。他是一位自行學習經營並勇於實踐的人，同時也是常常思考「誰可以當我的老師？」、「有哪家公司可以作為我公司學習的模範？」的人。

松下幸之助在伴隨著公司不斷成長擴大的同時，為使各部門的經營責任得以明確，所以很早就引進事業部制度。現在來看這個營運方法或許老舊，但在當時是採用實施公司內制度分權化最先進的荷蘭飛利浦公司的研究。這是在他三十幾歲時候的事情，對於當時的松下公司而言，飛利浦是足以令人敬畏的大規模企業。

飛利浦出自一個資源匱乏的荷蘭小國，但卻可以成長為知名世界級電機廠商，因此透過研究飛利浦企業，松下幸之助察覺到，成長後的企業若要再發展，權限的委讓相當重要。

松下幸之助的作風就是，不單是查閱辦公桌上放置的所有資料來尋求答案，而是實際親自前往對方公司仔細觀察營運方法，並詳細詢問經營者的理念及政策。另外，一般的經營者可能做到「十分類似」的程度就停止了，而他甚至最後在公司的半導體部門裡設立了與飛利浦公司合併的松下電子工業，並且在這個事業開始推動的階段就親自參與。其結果讓松下在半導體領域中業績大幅成長。

在那之後，事業規模擴大的松下確實成功，但松下幸之助以外的員工對於飛利浦公司卻開始認為，已經沒有什麼可以再值得學習的地方。隨著松下漸漸茁壯，對於原本請益對象存有的感謝之意也慢慢淡去。最後在松下幸之助九十四歲去世時，兩家公司的關係也隨之完全冷卻。

但在松下幸之助的公祭於大阪枚方市舉行時，年邁的飛利浦總裁戴克（Wisse Dekker）雖然雙腳不是很方便，卻仍遠從荷蘭以友人代表身分前來日本，並且再次稱許松下幸之助是一代偉大的經營者，由內心發出對此遺德的敬意。

雖然，松下遠遠超過飛利浦而成為成功的企業，但松下幸之助始終沒有忘記可以向飛利浦學習的恩典。對此感謝之意每每都會向周遭的人提起，絕對沒有看不起對方或輕視的念頭。

這份謙虛是身為創業家最重要的態度。邁向成功之路，卻忘記對於曾經受過對方照顧的恩典反而驕傲自恃的人，可以說這個人不是真正的成功。相反的，對於自己所學習到的事物一直抱持著感謝之心，才是我們常見的成功模式。

不只包括松下幸之助，前面提到的孫正義和千葉弘二也是，徹徹底底以謙虛之心從老師或所景仰的人身上學習，正因為有這份求學的心，所以從一開始才能放下身段謙卑學習；也正因為有這份謙虛的心，才能將老師所說的話吸收進去。

知道自己該學什麼

關於從其他公司學習經驗，我們再來看看千葉弘二的例子。

千葉弘二對於美國的米利根公司（Milliken）相當有興趣，並認真地研究此公司。米利根是一家地毯廠商，其實和樂清並沒有太多的共通點，但千葉弘二甚至去到現場研究該公司，並且積極學習這家公司的優點。

米利根是在纖維紡織產業一片衰退聲中，在商品上增加附加價值而成功的企業。不像以往用捲的方式，改採生產切割成像地磚一樣塊狀的地毯。這種地毯採切割拼湊方式，只要替換破損或有髒污的部分即可；OA辦公室為了配線要挖孔也只需拆除其中一塊的地毯，不僅修繕成本較低，便利性也相當高。因此該公司在這個領域上成為世界第一。

米利根並沒有像其他紡織業界廠商一樣，為了降低生產成本而將商品製造轉往墨西哥或菲律賓等地。是一家即使在美國生產，也能賦予商品更高附加價值、提升利益遠超過製造成本的優質公司。

從完全不同業種或業界的公司，千葉先生不改他想要學習的態度。因為優良企業的經營方法，是具有某程度的類似。當然，經營手法全部都很高明的企業相當少，大都是具有一、二個相當優異的長處。因此當聽聞一家公司優秀時，不要馬上認定這家公司全部都值得學習。

也就是說，只選擇米利根優秀的地方加以學習，而後活用在樂清上的經營，這就是所謂的標竿管理（benchmarking）。

標竿管理是全世界頂尖企業多數採用的經營手法之一，也是優勢企業的具體經營指標，例如求算出每平均一人的銷售額或ROA（總資產報酬率）、生產性、工程速度等，在公司內要求依據此數據來改善業務達成目標值。

相同的，想要從優秀的人身上學習某事物時，必須先訂定自己的目標，就該部分進行重點學習。一般人可能只做到評論他人好與不好，該學習之處反而沒有懷抱謙卑的心，不過就是找出對方不好的地方來撫慰自己的自卑心罷了。如此只會喪失讓自己成長的機會，完全沒有機會成為成功的創業家。

不要過分高估自己

或許各位會感到意外，對於創業家而言，能力過高反而是導致失敗的原因之一。的確，創業時個人的能力普遍會反映在公司的能力上，自己本身所思考決斷的事情，通常都會帶來最理想的結果。但是當公司規模一天天壯碩後，單憑自己個人的能力，的確很難掌控公司所有營運。

舉個例子，就像轉盤子一樣，當只轉動一、二個盤子時絕不會有什麼問題。一旦增加盤子的個數時，再怎樣厲害的人失敗機率都會提高。只要其中一個盤子落地，一失去平衡後，盤子就會像連鎖效應般一個一個掉落。這像是企業的致命傷，即使有再優秀的員工，企業的經營也會一天天失去方寸。

風險性企業的例子中，最常見的就是創業開始前五年中可以順利進行，但之後就衰退沒落，這種現象可以大致分為兩個理由：其一，確實有過人的構想戰勝群雄，但沒多久便遭到其他對手競相模仿，並且遭受大規模及大量販售等低價攻勢，無法招架而大受打擊；其二就是增加或選擇夥伴的錯誤。這是過分相信自己能力的創業家，最常見的失敗原因。

可以稱為創業家模範的松下幸之助先生和本田宗一郎先生，都是在察覺自己能力不足時，就趕緊找尋可以彌補自己不足的夥伴。不單找尋工作夥伴，甚至找尋具互補性的企業來作為事業夥伴。相反的，失敗的模式則大都是創業者自許自己要成為全能的人物。也就是過度相信自己全能而不交辦給他人，自己無法照顧到的部分，反而形成其他公司有可趁之虛的機會。

所以企業規模愈大，在重點領域中愈要了解，必須早一步找尋比自己更合適且有能力的人，將大權委讓此人。身為創業家，必須至少擁有二個以上像這樣可以稱為人生伴侶的夥伴。

凡事反求諸己，倒不如儘早看到自己不足之處，早早對此提出對策才是創業家成就事業的方法。

現在正處於一個產業制度大幅鬆綁，網路革命及金融改革同時進行的時代，不管再優秀的人，絕對都有其極限。因此，去認識其他優秀的人，從他人身上獲得學習或是成為夥伴這件事情，會比以前的時代重要許多。因為現在已經不再像以前一樣，沒有一個人一邊摸索、一邊慢慢設計到製造、銷售等完全自己動手的時間了。而且在這段冗長的時間中，可以看見競爭對手早已遠遠超越在前方。

因此，現在開始找尋委外方式（outsourcing）的第三來源，還有為了活用其他優越能力的拓展人際網路（networking），理所當然就成為經營的重要關鍵字眼。

徹底看透未來的發想

山葉的社長川上源一還有一個故事可供借鏡，他也是一位不在紙上談兵的人，為了印證自己想法，總是會做出一些堪稱破天荒的事。

川上源一在實際看到戰後的美國時，頭腦就抓住了很多的事業構想。

日本被空襲所造成的滿目瘡痍都還沒有整頓，他就隻身前往美國，光這點就令人不得不佩服他的行動力，而這也是川上源一眼光獨特之處。最引起他所關注的就是，美國人充分享樂的這件事情。

戰敗的日本因戰爭所受的打擊而意氣消沉，但美國卻悠閒地過著享樂的生活。除了對於這當中如此大的落差感到震驚外，他也意識到總有一天休閒產業會興盛；而這就是休閒產業壯大的時代來臨，於是便開始思考如何能將休閒產業與他的事業接軌。

山葉原本是一家製造木琴、風琴和管風琴的企業，慢慢將重心轉移至鋼琴的製造。之後參與洋弓等運動相關產業，甚至是製造摩托車，在美國加州卡塔利那島參加越野比賽。

事實上，在其中某場比賽的錄影帶中，可以看見山葉初次報名參賽的摩托車。但是那場比賽中，山葉的摩托車並沒有跑完全程而遭到淘汰。錄影帶中還可以清楚地聽到，實況轉播的播報員憐憫且語帶諷刺地說：「在摩托車競賽中，我想各位以後大概不會再看到山葉的車子了吧。哈哈哈！」但是，山葉忍辱負重，經過不斷改良，在僅僅數年之後，就與本田競爭，成為世界的摩托車冠軍了。

川上源一的這個例子代表了成功模式中的其中一種方式。

因為他對於所有的事物都抱持高度的興趣，把所有事情都認為和自己有關而放在心中。因此，自己眼睛所見、親身所感受到的，實際上都能夠轉換成用自己的形式表現出來。若無法將自己的感受順利表現出來，在完成之前會不斷重複再重複，直到成功為止。

最好的例子就是下面製造鋼琴的例子。

科學手段及瓶頸式思考

在試做鋼琴的時候，首先川上源一對鋼琴的製造者提出疑問：「使用什麼樣的木材來作為鋼琴的素材，才能讓聲音更好呢？」一般的經營者對於出自專家口中的答案，理所當然都會覺得是正確的解答而認同。所以，思考就會停止不再繼續。

然而川上源一並沒有因此得到滿足，他接著再詢問是否真的就是最好的聲音呢？甚至不斷繼續提出問題，例如經過幾天乾燥後的木材最好、北歐的木材和南洋的木材到底哪一個比較合適等等的疑問，直到負責製造者無法回答他的問題為止。

事實上，接下來才是川上源一的真本領，那就是下達命令：「如果不知道的話，就試試看吧！」

接著，實際上從世界各地收集所有的木材，因為使用相同的鋼琴反響板，拉相同的線，即使是同種類的木材，改變乾燥的天數也會出現不同的音質，之後分別將這些不同的木材一一裝入，實際聆聽哪一種可以彈出最好的聲音。光這個實驗所收集使用的木材數量就無止境，最後選出可以發出最好音質的木材（以及其所需乾燥的時間）；然後再以所選定的木材為基礎，這次改變的是反響板，然後重複再做同樣的實驗，接著再改變線……。依照這樣的方式，在最佳組合出現之前，已經取得幾十萬筆相關數據了。

這個手法稱為實驗計畫法，事實上在大學的實驗室裡是很常被利用的方法之一。對於合金或化合物等複數的要素組合物質，為了依據目標找出不同最適值，僅將其中一個變數改變來收集幾千、幾萬筆相關數據的方法。

然而實際上川上源一只有高中畢業，並沒有上過大學。所以應該沒有學過這類的知識，甚至是研究所課程中的實驗計畫法，但他卻可以做出如此高難度的事情，能進行如此綿密思考的人實在不多。

山葉就是這樣集合全世界的木材，並且組合其他要素，然後採用最理想的組合來製造鋼琴。以前讓世人歌誦為世界最完美的德國鋼琴，是出自於專家的經驗及直覺作為基礎，然後依循古法所製作的鋼琴，但山葉的鋼琴竟然可以超越它；也就是說，鋼琴的製作是由零開始，但是巧妙利用科學的手法卻也使得山葉成為世界的頂級製造商。

故事在這裡並沒有就此結束。例如顧客為了小孩想要購買鋼琴，但卻沒有錢，因為從前貸款的制度並不像現在這麼普及。於是，山葉向顧客提出建議，由於鋼琴費用較高所以建議每個月先做一部分的儲蓄，假設一千日元程度的費用是每個家庭每個月都可能做到的一部分儲蓄，就可以建立集合各個家庭的基金體制，等小孩子長大後，就可以利用這筆儲蓄基金來購買鋼琴。

接下來又聽到顧客購買鋼琴後，住家附近找不到可以信賴的老師教導、上課費用過高等等不滿的聲音。於是他開設了山葉音樂教室，甚至建立起教導鋼琴彈奏方法；隨後由於住宅密集造成對於左鄰右舍的困擾問題，更發明了可以沒有聲音的鋼琴。

像這樣，川上源一總是在做瓶頸式的思考方式——針對問題去尋求解決問題的方法；當問題的範圍愈來愈狹隘時，就朝向解決的目標全力投入。若是有讀過孫子兵法的人一定會覺得非常熟悉。事實上，雖然川上源一沒有上過大學，但他卻熟讀孫子兵法。看過川上源一的經營手法，你會覺得他的思考方法似乎已經深深地滲透到他細胞中的染色體了。

常常詢問為什麼

川上源一有一本很不一樣的著作：《享樂主義料理》。

例如，看到某棵樹就會詢問這個可不可以吃，對方若回答不知道時，便會建議對方要不要試試看，讓它變成可以吃的料理。於是，或煮或煎、或榨或磨，嘗試各種的烹煮方式。最後還是失敗時，仍然不斷對自己說：「怎麼會不能吃呢？」然後繼續摸索可以吃的方法。

同樣的在這本書中也有介紹，看起來不像是可以吃的樹木或花草，或是動物身體的部位等，在試過之後，最後意外地都能變成好吃的料理。例如介紹過曼波魚（翻車魚）的皮下脂肪和脾臟部位的料理，應該是沒有人會想要去吃的部位，但是川上源一讓自家公司旗下的鳥羽國際飯店主廚去試，最後成為一道非常美味的甜點，真可以說是具有商品開發的細胞。

關於吃的部分還有一個例子，是川上源一的代表性故事。

到過美國旅行的人，一定知道有一種蟹殼柔軟，用油炸過後直接連殼可吃的軟殼蟹。川上源一在美國品嘗到這道料理的美味，向店員詢問這種螃蟹為何和日本的不一樣，是軟殼的螃蟹？得到的答案是螃蟹在脫殼後形成新殼時，不論哪種螃蟹的殼都是軟的；也就是說，並沒有存在殼的質地特別柔軟的螃蟹種類，而只是將剛脫殼後的螃蟹作成料理罷了。

他回到日本立刻前往當地的伊勢志摩，詢問漁夫是否知道軟殼蟹的事情。而漁夫們回答由於不能賣所以都直接丟掉，於是他和漁夫表示要全數購買。有這樣的故事經過，所以日本的螃蟹在鳥羽國際飯店中，也以軟殼蟹的烹調方式成為一道料理。

並不是每個人都能有這樣的發想，即使再多的人在美國得以品嘗到軟殼蟹的美味，但多數人卻沒有辦法從「螃蟹的殼是硬的」的固有觀念中跳脫出來。藉由詢問「為什麼」後得知固有觀念是錯誤時，接著馬上思考在日本近海是否可以捕獲？特地親自詢問一位位漁夫，直到買到為止。這是必須具備多大的行動能量才能辦到！

真正的創業家在心中就是要反覆詢問為什麼，對任何事情都要像這樣花費工夫。

當知道一個問題的答案剛剛浮現出時，事實上就是存在事業的契機，於是就應該使出渾身解數直到成為自家的商品為止。

這股執著的念力，在他的一生中，都像是一台創業家的內燃機一樣持續燃燒著。總是從提出疑問開始，遇見瓶頸時在狹隘之中不斷摸索尋求解決。不論何時都將所關心的事物朝向可不可以成為事業進行思考。關於他另外特別的一點就是，別人做過的事情他絕對不再做。因此，他所做的都是唯一的、嶄新的。

事實上並非只有他如此，立石一真、本田宗一郎以及松下幸之助等戰後日本產業黎明期中脫穎而出的經營者們，都是具有超乎你我想像、不斷提出疑問的個性特質，對於所有的事物，不斷提出質疑。的確，大家的共通點都是學歷不高（沒有一個人在當時有大學畢業的學歷），學歷的高低另當別論，重要的是針對不懂的地方要能夠提出疑問，才有意義。

具有學歷的人就是因為認為自己完全了解，所以不常提出問題。正確的說法應該是學歷這種自尊心所形成的一種阻礙，使得連對於周遭事物提出簡單的疑問都變得困難。通常對於自己學歷自負的人，往往都是行動及思考力比較不具變化性的人。非常可惜的，這種人即使發現了正在萌生的事業新芽，任他再怎樣燃燒自己的意念，也無法成就出他想要的事業型態。

作為創業家最重要的不單要擁有知識和學問，必須經常發現疑問，從外部不斷吸收資訊，並且具備將之活用於自己事業的熱情、執著，以及行動力。

創業家都是「提出質疑的人」

現在看到在事業上成功的人，和戰後活躍於產業界經營者的類似地方以及共通點相當多。例如史克威爾遊戲公司的社長宮本雅史也是典型的「提出質疑的人」。

宮本雅史辭掉德島的電友社工作後，於一九八六年用購買該公司軟體開發部門的方式設立了史克威爾。一九八七年，電玩軟體「太空戰士」大賣。他以僅僅三十二歲的年齡卸下社長一職，退居沒有經營權的會長，並且在三十四歲時辭去會長一職，他的經歷確實和別人很不一樣。

他現在每次看到我總是問我：「老師，您對於這件事有何看法？」找到機會，總是不斷提出問題。像這樣的人，絕對不會認為自己所想的一定是正確答案。因此，為了找出真正的解答會仔細觀察事物，對於事情抱持質疑態度，遇到可能知道答案的人就窮追不捨。

例如，常常看到年輕女孩穿著很高且看起來並不舒適的鞋子，從這看出一個趨勢而連接到商業行為上。事實上活用這個趨勢，而建造了現在位於台場青海的維納斯城，這個擁有三萬坪大空間的購物中心。

事實上這也是有模範可依循的，拉斯維加斯的凱撒宮購物中心（Caesars Forum）就是他學習的對象。

簡單說明，凱撒宮購物中心擁有可以看見天空的巨型屋頂，每兩個小時一次製造出傍晚時分的感覺。換個角度看，就像是一個具有二十四小時照明的無窗雞舍。利用人工的方式縮短夜與白晝的循環，是一個讓雞可以加速下蛋的機制，而凱薩宮購物中心就是鎖定要有這樣的效果。

這是一種即使是在中午，藉由演出傍晚時分的感覺，讓前來的顧客沉浸在浪漫的氣氛之下，讓他們有吃飯及購物慾望的機制。該購物中心在拉斯維加斯，擁有全美單位面積銷售額最高的績效，是一個最成功的購物中心。

我和宮本雅史曾經一起前往當地參觀，確實是一個可以體驗相當奇妙氣氛的空間。

重要的是做市場區隔

凱薩宮購物中心，如同冠上凱撒（Caesar）之名一樣，以羅馬作為主要概念的發展。但是當時在日本並不流行羅馬，對於年輕女性而言，反而是義大利北部的米蘭和中部的佛羅倫斯比較受歡迎。

因此，維納斯城購物中心的概念設定為米蘭風、佛羅倫斯風格，或是以受到日本女性歡迎的南法國的氣氛為主。

這裡相當重要的是，在日本當時最可以自由使用金錢的人，是二十五歲到三十五歲為中心區域的女性，所以必須將設定概念的焦點放在此，這就是市場區隔的思考方式。

市場區隔就是區分或是分割的意思，亦即區分市場和顧客層，針對不同的特性來進行市場行銷的手法。維納斯城所鎖定的目標非男性而是女性，非十幾歲或四十幾歲，而是二十幾和三十幾歲的年齡層來作為區隔的組合。

這個世代稱為「新新世代」，就是戰後嬰兒潮世代的下一代，這一個新的世代不但人數眾多，而且特別以女性的購買慾望最強。市場區隔這個思考方式，對於接下來想創業的人是不可或缺的知識。並不是誰來都好，而是希望特定的人能夠前來，這樣具有明確的目標可以讓訊息更清楚被傳遞。

一旦將焦點鎖定二十幾歲女性，那麼就會自動跳出化妝品、服飾及美容護膚等等方案。在維納斯城購物中心中，光與此有相關的就募集了一百六十個商家店鋪。當時雖然不景氣，但全部的店鋪都租出去，並且在餐廳的空間上，原本三千位席次的設計，募集時竟然共有高達三倍席次的廠商提出承租意願。

購物中心在全國各地已經有相當的數量，可以說多到再增加一個也不足為奇的地步，但若能夠將概念符合趨勢，針對所設定的市場區隔及焦點多下工夫的話，是可以期待出現很多有意願承租的商家。相對的，若市場區隔不明確，構想或是概念也無法明顯與其他購物中心差別化的話，即使募集到承租的商家，到時一定也得降低價錢。理所當然也不是件成功的事業。

其實設定佛羅倫斯風、米蘭風這個概念的理由相當簡單，就是去調查現在日本二十幾歲的女性，出國旅遊的話都會前往何處。從日本出發到哪幾個城市的班機增加，或是哪幾個地區或城市的套裝旅遊行程賣得最好，只要針對此去進行調查，馬上就可以看出簡單的趨勢。

一九九三年前的二十幾歲女性，出國旅行除了觀光之外，逛街也是一大目的，所以大多選擇香港。的確，香港不論是美食或是購物都是令人覺得相當充實的地方，是一個很實際的都市。但是分析現在二十幾歲女性的行動模式後，她們並不在乎實際利益，而是轉移到想要愉悅的氣氛，沉浸在截然不同於日常生活的環境。

證據就在於曾經受歡迎的新加坡，最近也漸漸不流行了。仔細思考其原因會發現，其實是因為以前日本所沒有的東西，現在正全國性的急速擴增中——那就是大型的折扣購物廣場（Outlet）。像新加坡一樣，現在在日本國內也可以享受這樣的購物樂趣。

日本第一家折扣購物廣場成立於一九九三年，即使在打折以外的期間，也可用幾乎一半的價格買到名牌，所以在很短的期間中就形成超人氣。因此，若單純只想要買便宜的東西，大可不必特意前往香港或新加坡，只要前往鄰近的購物廣場就可以實現了。

這就是香港和新加坡之所以不再流行的原因；換句話說，現今時代的購物中心，不能再只是利益性刺激購物而已，必須加入能夠讓顧客享受氣氛的大量要素組合。這個道理同樣印證在現在橫濱南部成功的灣岸碼頭（Bay Side Marina）。這裡不僅是購物廣場，而且具有像美國加州遊艇碼頭那個地方一樣的遊艇停泊港口，還加上緊連著港口步道一整排時髦的餐廳。

總之，就是將現在二十幾歲女性所追求的事物放到購物中心的概念之中，發現目前日本所缺少的，就是一邊逛街一邊還可以享受米蘭或是佛羅倫斯氣氛的空間，於是造就了維納斯城這個購物中心。

同時維納斯城與東京周邊的購物商圈也有做區別。例如涉谷，完全被國、高中女生佔領而成為低單價的購物街。若以二十幾歲的女性角度來看，絕對不可能在那裡感受到購物的樂趣。

經濟泡沫時期超人氣的銀座也是，不可能再回復到以往繁榮的景象；池袋則是感受不到任何氣氛可言，充其量只能說這個地方很熱鬧；而新宿在高島屋時代廣場開幕之後也被區分為二，失去了重心。

也就是說，到哪裡都沒有二十幾歲女性所追求的購物中心（例如新宿伊勢丹可堪稱為代表），因此可以滿足這些女性需求所設定的概念，正是維納斯城。

話雖如此，利用三萬坪的空間創造出新穎的購物中心，有勇氣要將這個想法付諸行動的人應該少之又少。然而宮本雅史在和森建設的森稔先生談過之後，就下定決心實踐此計畫。宮本雅史為了使這個事業成功，還有許多具有「技巧」的構想。

高明的仿效

另外一個宮本雅史讓維納斯城成為受矚目焦點的特色之一就是露天咖啡廣場。非常可惜，日本並沒有像巴黎香榭大道般大規模的露天咖啡廣場。在香榭大道上，沿著道路開設著一整排的咖啡店，坐在那裡欣賞過往人群是法國人的習慣。

不可思議地，在日本絕對不可能和鄰座交談的日本人，坐在那裡便可以很自然地和坐在隔壁不認識的人說話；藉由這樣的對話，說不定甚至變成了好朋友。

在日本之所以沒有這樣的露天咖啡廣場，主要受到步道使用的相關規定。想要在日本開設露天咖啡廣場，首先必須取得道路佔有許可，不過在消防法上因會阻礙避難道路所以是不被允許的。因此在日本要取得認可十分困難。於是，維納斯城就在建築物當中製造街道，形成馬路一般，創造出人工式的露天咖啡廣場區域。

一九九九年的八月正式開幕後，每年都有一千二百萬人次造訪，這些都是在預期中的人數。不僅二十幾歲的女性前來，三十幾歲的女性應該也會感興趣，於是想要追求這些女性的男生或是男朋友們也會一同前往，這裡一定可以成為日本最大的購物中心之一。

像宮本雅史這樣，在國外發現事業的種子將之引進到國內來，這種手法在創造新事業時，是相當普遍的做法。但是他不單純只考慮到引進，在看到拉斯維加斯的凱薩宮之後，就開始研究如何依據日本市場以顧客市場區隔為基礎來設定。拉斯維加斯是以一般顧客為對象，至少不是只以年輕女性為中心，所以若沒有像這樣特意作區隔的思考，就不可能會發想出建造擁有世界最大女性用化妝間，以及南法的氣氛了。

但是關於從國外引進事業這個部分，有一點必須相當注意，那就是重複性的問題。

例如在國外就有很多以迪士尼為主題的娛樂性餐廳，去到那裡會受到餐廳的空間、料理，還有被那裡的演出和員工的服務所感動，一定也會想在日本開設同樣的餐廳。事實上，在餐飲界也有多數的人具有同樣的想法，但是娛樂性這個要素，存在著很大的陷阱。

因為同樣的東西在看過兩次之後，顧客便不再感到興趣。總之，娛樂性的東西可以讓新客感到新奇，但絕不會有顧客會三度臨門，所以娛樂性和重複性有著不能相容的部分。

為了防止這種現象發生，可以考慮如何巧妙利用「借景」來增加娛樂性。例如舊金山海邊的餐廳就可以持續幾十年的光景。的確這個地方沒有過很鼎盛的時期，但也沒看過它沒落老舊。那是因為在這個廣大的背景之中，海浪與船舶來來往往，顧客並不會看膩這種自然的景象，而且所需成本是零。

與其拘泥在概念上尋求差別化，倒不如像宮本雅史一樣著手進行重視市場區隔的事業計畫，成功機率會比較高。

趨勢變化的對應方法

但若是這樣的話，維納斯城不是也很危險嗎？有人就會提出這樣的疑問，認為總有一天米蘭風和佛羅倫斯風的熱潮一定會退去，大家就不再對這樣的概念感興趣。

的確，二十幾歲女性的趨勢有如瞬間最大風速般，不僅改變極大、速度也飛快，這是事實。在維納斯城將概念設定在米蘭風和佛羅倫斯風的計畫階段時就已經知道了這個問題，所以如此設定並沒有特別深遠的意義。簡單的說，作為一個購物中心的概念，即使不是設定在米蘭風也無所謂。

維納斯城的事業中，最重要的在於二十幾歲的女性比任何世代的男女性都有超強的購買力，所以以這群女性為顧客的核心來做市場區隔。因為，二十幾歲女性的花錢方式，在這二十年間中沒有絲毫不同。

這一個年齡層的女性都是購買可以實現自己夢想的東西，在購買這類商品時不會手軟；同時她們有一起逛街購物的傾向，這就是她們的購物模式。若要說這二十年間有什麼變遷的話，那就只是帶給她們夢想的東西有所變化而已。

例如就像是以前購買的 LV 名牌，現在換成 GUCCI。當然未來極有可能變成 PRADA、COACH 或是別的品牌，但是在可以實現自己夢想的商品或是服務上，她們的消費模式是不會改變的。

這個意義在於，購物中心裡有一百六十個專櫃，有盛有衰，但絕不可能同時偏向一個方向。因此，概念的存在本身不必太過在意。萬一米蘭風退流行，大可馬上換成法國馬賽風或是日本湯布院風格都行，因為，維納斯城中的整體氣氛就有如置身在好萊塢的電影攝影現場一樣，是一個可以自由轉換氣氛的空間。

例如，十二月時可以布置成為充滿歐洲風味十足的聖誕裝飾，從早上開始就讓購物中心一直呈現夜晚狀態；並不是每一天都要演出兩個小時一次重複白天與夜晚循環的方式。

雖然重複說過許多次，但我仍要強調事業的最大重點就是在於市場區隔的明確化。

我對於維納斯城還有一個期待，那就是這裡像是一個有關市場訊息的世界最大實驗場。我想在這裡仔細觀察前來此地的顧客購買些什麼物品，有些怎樣的行動模式。

因為，每年這裡可以聚集一千萬人次以上的造訪，用POS（端點銷售系統）就可以取得所有購買物品的統計資料，並且獲知進場顧客的屬性。因此就可以有一千萬人以上的資料庫，利用這些資料來仔細分析判斷趨勢，絕不可能會誤判。

若更進一步活用這些資料，應該就可以將維納斯城當作一個新趨勢的發信基地。這就像一個已經得到驗證的實例，維納斯城應該也能成為像入口網站的AOL或是雅虎。

資金不足照樣做大事

與金錢相關的事業，有一種稱為BOT（build-operate-transfer 建設—營運—轉移）的新計畫進行方式，這也是一種民間融資方案（Private Finance Initiative, PFI），總之就是不用投入自己全部的資金也可以完成巨型的事業。

簡單地說，就是要求承租專櫃者或廣告主，把將未來必須支付的金額換算成現有價值，提前支付，如此就可以利用這筆金額當作事業資金來做資金調度。因為是基於一定的利率水準加減未來的風險率所算出來的，所以對於承租專櫃者或廣告主而言，支付的金額會比未來低，所以並不會因此產生損失。

但是，也因為如此，所以必須創造有魅力的事業和彈性空間，以吸引多數人來參與。例如在網站上，較大尺寸的廣告（banner）就比小尺寸的價格來得好。不用說，當然是因為大尺寸廣告被點閱的機率較大。

和這完全相同的原理，多數人所接觸的場所，必然會產生可以出售在該場所打廣告的權利。因此，在維納斯城中製造的人工街道也是，可以在其道路兩旁等處製作巨型廣告用空間。另外在那裡販賣的飲料、香菸或軟片等也都可以利用作為造景的一部分。這個手法在迪士尼等處也多被利用，非資本金，而是一種廣告費用的淨現值（NPV）作為提前支付的一種思考方式。

換個說法，就是利用廣告的價值，不是把以後的使用費用在未來現金化，而是在現在的時點提前將之現金化的發想方式。將這個廣告範圍所擁有的未來價值（作為廣告範圍的使用費用，開店後所增加的現金流），換算成現在的價值，例如作為交換今後二十年間的使用權，用負擔相關工程費用的形式來提前支付。如此一來，所有從廣告主中募集而來的廣告費用就可以當做建設費來支出，以彌補自己資金不足的部分。

這個手法對於資金不足的人而言是個相當有效的方式。事實上，重新興建完成的香港新機場，也是利用這種BOT的手法完成建造。

這是一項必須趕在九七年香港回歸之前完成的工程，理由是中國政府反對香港新機場的建設。機場建設是一筆相當大的費用，中國政府不希望在回歸後承受這筆負擔，然而就現實面而言，啟德機場不管是飛機往來或是人、貨物的進出，都已經處於過密的狀態，實在相當需要新機場。然而，香港政府本身在短期內並沒有建設新機場的資本。

香港政府將各航空公司想要使用的登機門和櫃檯使用權、免稅店的承租權或是餐飲外燴的使用權等等，換算成現有價值來做競標。由於新機場作為將來中樞機場的利用價值相當高。所以，想要引擎機械修理場或是想要免稅店的公司，就會出面來購買這些權利。所以，想要由此機場進出的航空公司和想設立飯店或免稅店的公司等，事實上是以提前付費的方式，提供香港政府建設的資金。藉由這個方式，新機場的建設費幾乎可以不需使用到政府本身的資金和稅金就足以供給。

這種ＢＯＴ的方式，現在在全世界被廣泛利用。而目前日本仍以財政投資融資的方式造成國民的負擔，無疑是國家向全民搾財。澳洲墨爾本的港灣再開發案、香港至廣州的快速道路，還有曼谷的高速公路等，都是利用ＢＯＴ。這個方法對於資金能力缺乏的國家及公共團體，還有創業家而言，簡直可以說是一大福音。

設定概念的思考

從維納斯城實現的各種嶄新挑戰中，最獨特的一個做法就是設置化妝間的數量。維納斯城裡化妝間的數量，就一個建築物來說，恐怕是世界最多。

為何要增加如此多的化妝間數量呢？我們可以清楚了解到，因為這是一個以女性為目標所設定的市場區隔。

比較每一次洗手間的使用時間，女性要比男性的時間長很多。另外，購物後的女性必然需要更大的使用空間。因此對於主要顧客的女性而言，為了讓她們不用等待，理所當然需要如此多的數量，而最後採取九比一的比例設置，這遠遠跳脫原有一對一的設置比例，但宮本雅史卻勇於付諸實現。

如此一處以女性為中心思考的場所，就有利於向想要承租專櫃的化妝品公司進行推薦，可以達到以下所述結果：

「女性在此可以比任何地方更輕鬆地使用化妝間」

←

「女性的滿意度提高」

←

「可以集聚多數目標客層的二十歲女性，並且重複率高（再來店次數）」

←

「在維納斯城設專櫃可以確保相當的營業額，確實可以期待理想的利潤」

←

「專櫃業者一致提出設立專櫃申請」

←「申請數量超過預計募集數量」

←「不景氣之下，承租者的使用租金仍沒有必要降價」

←「大幅降低事業風險，可確保當初利益計畫」

當然，「女性在此可以比任何地方更輕鬆地使用化妝間」這一點就是宮本雅史所思考的「技巧」的其中之一。其他的技巧還包括前面所提的「展現出趨勢所顯示的南歐風情」，以及「露天咖啡廣場空間」、「週末時可以通宵買醉的場所」、「聘請會讓人想要一起合照的超級帥哥服務員」等等，藉由各種的構想，提高對承租業者的吸引力。

對於降低事業風險，創業家本身提出較少資金是比較聰明的做法，藉由活用BOT方法，首先就要提出足以說服資金提供者的事業概念和前景。

若可以聚集到多數的目標客層，本身的價值就會隨之產生。在維納斯城的構想中，宮本雅史沒有朝向思考產生價值這件事情，而是專注在設定概念（Concept Making）這點。

好奇心和執著

如前面所述，宮本先生是一個將內發疑問向外不斷提出的典型「提出質疑的人」。但是「提出質疑的人」是在對外提出疑問之前，已經對自己詢問了幾十次「為什麼」，並且重複檢討幾個設定的假設；為了驗證這個假設，才向自己以外的專家或值得信賴的人丟出疑問。

宮本雅史就是用這樣的方式提出疑問，一方面成立史克威爾遊戲製作公司，一方面讓自己在流行關係產業的激戰舞台之中也慢慢步上軌道。基本上因為他非常清楚金錢的流動方向。再加上有了其中一個起步後，其餘不管是減肥健康食品、流行相關產物、遊戲軟體或是購物中心，都是集中所有精力全心投入。

埋頭苦幹的態度，這是從戰後的經營者到現在成功的創業家，所共有的特質。例如還很年輕的宮本雅史的做法就和川上源一的做法有相同之處，全心全力專注於事業，自然而然會湧現出各種疑問。有才能的創業家就不會將這些疑問等閒視之，而會努力尋求解答；如果還不能得到答案或不能確信自己的想法時，才開始向外求援提出疑問。

例如，若聽到最近前往米蘭的旅客增加時，就必須要有所反應，想一想是什麼原因。

一旦知道主力為二十幾歲的女性時，就應該去思考為什麼吸引她們的不是香港而是米蘭。

創業也有一部分是要去思考別人所沒有思考的部分。對於別人講過聽一聽就算了的笑話，應該用自己的觸角去探索，認真思考那個笑話背後所隱藏的趨勢（在那裡所運作的一股力量，稱之為FAW「Forces At Work」）。跟別人聽到相同的話題時思考「為什麼」，這點對創業家而言可以說是最基本的技巧。

就像剛剛提到的例子，作為一個趨勢觀察家若被詢問到現在日本受歡迎的套裝旅遊，能回答出米蘭、巴黎和夏威夷的人，就算是及格了；但只知道這個答案，就創業家而言是不及格的。因為這些回答本身不具任何價值。夏威夷也是，為何大家旅遊的重點都是先由歐胡島開始，然後茂宜島、可愛島，最後才轉向夏威夷本島這樣的傾向呢？

創業家或是有志成為創業家者，就應該要圍繞著「為何現在茂宜島受歡迎？」、「這股熱潮可以持續到何時？」、「怎樣的原因會導致不再受歡迎？」等問題認真思考。若自己不知道答案時，就要有向他人詢問的勇氣和行動力。但前提是先要發現問題，要有高度好奇心以及執著態度，靠自己能力徹底進行調查

老實說並不是有很多人具備這樣的特質，但只有這樣的人才能成功；也就是說，以上所述具有才能創業家的資質，也就意味著是可以將事業導向成功之路的行動模式。

無限拓展好奇心

歐姆龍的立石一真先生也是一位具有高度好奇心，經常思考的人。他是發明世界第一台ATM、電車的自動驗票機及售票機，還有自動交通管制裝置的人。他所思考的是：「人類可以做的事情和機械可以做的事情為何？」為了提升人類的價值，人類應該要專注在只有人類才能辦到的事情，而機械可以做的部分則全部交由機械處理。

某天，他注意到在車站出入口檢查月票的人員。認為一次要注意到眾多群眾通過時手上持有的究竟是否為真正的月券，有一定的困難度。或許也有很多人都有同樣的疑問。然而他獨特的發想就由此開始，他思考在車站閘口處所站的服務員沒有存在的必然性，倒不如用機器來判定，準確度還比較高。

另外，提取銀行的存款，應該也由機器來做會比較快速而正確，同樣的道理，在窗口販售的車票也是。因此立石先生的思考就是從將這些事情都交由機械來處理、其他還有沒有應該也交由機械來處理的事情等，不斷地延伸ATM。

但是立石一真也是一位你無法想像十分辛苦的人。高中畢業後離開故鄉熊本，辭掉兵庫縣政府機關的技術員工作後，任職於一家電機公司，不料之後這家公司卻倒閉。在這個狀況之下，於一九九三年創立了立石電機製造所（現在的歐姆龍），該公司亦於一九四九年時有如風中之燭；他同時背負著太太過世的痛苦與扶養七名子女的責任。

他令人值得稱許的地方相當多，著手進行的幾乎都可以稱得上是全世界最早。ATM改良前的機器是一台只會供給鈔票的自動吐鈔機，銀行人員必須事先在機器內放入幾千張的鈔票，對於銀行來說並不方便。因此，將機器改良成不必事先在機器內放入鈔票，而是利用顧客所存放的錢再轉為供提款用的鈔票。這就是現在這種再利用方式ATM誕生的緣由。

這種將事情變成可能的技術能力，還有觀察世間物時總是思考如何能讓人類及機器各司其職，傾全力的熱情並將之實現的，就是他的一顆執著的心與滿滿的能量。不僅作為技術者，更是作為一位創業家應有態度，這是值得大家學習。

偉大創業家的思考與態度

若想要真正了解立石一真，可以去參觀「太陽之家」工廠，這是為了身體殘障者所設立的工廠，全國在大分、京都等地有三個工廠。

事實上，身體殘障者也有他們能夠辦到的事情，例如沙利竇邁畸形兒雖然手部不健全，但其他殘存機能中聽覺最好。因此便可以利用這個特質和機器巧妙結合，讓他們擔任在生產線上檢查不良品聲音的工作。

就立石一真的精神來說，他一定認為以前的社會福祉概念完全錯誤。

例如立石一真說到，身體殘障等社會弱者在稅金制度上受到照顧，這並非他們所求。相信他們也想對社會有所貢獻，因此，給予他們這個機會是企業的責任。若可以進一步發揮他們的能力來提高企業生產力，支付他們相對的薪資，他們也可以驕傲地繳納稅金，去除受到稅金供養的負面形象；相反的利用繳納稅金這個行為，來讓他們肯定自己並引以為傲。

事實上，立石一真為了給予這樣的機會，首先在大分的工廠，從計畫階段開始就是以殘障者能夠在此工作為前提來建造工廠。這是一座符合每位殘障者不同的殘存機能所特別設計的工廠。

這個工廠連本田及新力都來見習，可以說相當成功。因此，第二座工廠從開始包括工廠的設計及工廠廠長都由殘障者負責擔任。因為營運全部交由他們來進行，就社會角度來看，無形中就給予殘障者一個很大的發言權。

當然，要建造這樣一座工廠絕非簡單之事。測試每一位殘障者的殘存機能，然後針對如何使每位的能力可以得到充分發揮來設計工廠整體的系統，真的費盡相當大的工夫。

即便是這樣，立石一真仍然完成這麼困難的事業，這全都是靠他憑著自己求知的好奇心，不斷思考如何才能讓人類活用人類所特有的能力，其他繁瑣事情交由機械處理的想法，不斷地反覆自問自答，再加上將之付諸形式的精力，才能成就如此般偉大事業。同時，藉由自動機械的完成，又多了一項恢復人性的事情，這就是立石一真樂於見到的事。

像立石一真這樣的人物，真的是一位值得稱許的創業家。他在太陽之家所投注的熱情與實踐的精神，比起從口中提出企業之於社會的責任，遠遠來得更具說服力。在立石一真先生八十幾歲時，當時日本被稱為是經濟野獸而遭到輕視，我將太陽之家的錄影帶帶去美國紐約，播放給《財富》和《紐約時報》尖酸刻薄的報界人士看，很明顯地看出他們眼眶轉紅，臉上出現了不同的表情。在那一瞬間，只顧工作、沒血沒淚的日本經營者形象消失殆盡。

包括立石一真，本書介紹了很多優越創業家們共同的思考方式、構想與態度，總結來說，就是：「不厭其煩求知的好奇心」、「一件事情堅持到最後所凝聚的熱情及持續力」，再加上「企業創業所應有的社會性」。

絲毫疑問都不放過

對於任何事情都感到興趣、不斷反覆自問自答為什麼、一件事情貫徹到底，道理都了解，但是往往無法付諸實現，這是普遍的現象。並非自己去發現問題，給予所詢問的問題正確解答的被動式教育或許是罪魁禍首，但是像前面所介紹的宮本雅史和孫正義，接受戰後教育的年輕世代一樣也有出色的表現，所以應該是個人立足點的問題。

立志於成為創業家的人，首先應該要改變自己擁有不同於常人的思考迴路。若認為無法做到這點，就應該毅然決然放棄成為創業家，在社會上找尋其他更好的工作比較實際。因為能成大器的創業家，對於事物的關心度及發想方式，絕對與常人不同。

但是，思考和發想可以隨著訓練而有所改變，我開辦的創業家商業學校就可以說是為了提供這一切的場所。但是要在這裡介紹所有的做法，就物理性而言無法辦到，在這裡只能簡單地介紹來到這裡的學生，他們所提出的有關思考方法和發想方法的疑問內容，以及我本身是如何進行自我訓練的方法。再加上本書記錄下我現在手邊正在進行的計畫概要，簡單敘述這個部分是依據怎樣的思考方式及發想方式，這樣就可以提供讀者在「思考迴路改革」時作為參考之用。

用一句話來表示我在自我訓練時的最初型態，那就是頂撞別人。我常常想起國小上課時總是坐在最前面，自己常常舉手提問題的樣子。大概就是這樣成為習慣，到了研究所也總是坐在教室的最前面，即便是有絲毫的疑問都不放過。

我在東京工業大學中進行核能的研究，對於完全枯燥乏味的講義內容也能提出問題。當時我在意的是只要心中存有疑問，就應該徹底尋求解決，直到得到滿意的解答為止。被我在課堂上一直提出疑問的某教授，甚至發牢騷說「大前總是坐在前面不斷提問題，害我不得不事先多加準備」。

高中時代的世界史，關於一四〇〇年左右的大航海時代，我提出了以下的疑問：「哥倫布是義大利人，但是為何從西班牙啟程開始航海？」「為何在那個時代，突然會對外面的世界感到興趣？」但是連老師也不知道答案。之後透過圖書館查詢資料，才對大航海時代有了更深一步的認識。

我因此得知，當時的西班牙是歐洲中的一大帝國，所以出去航海承擔風險的事情不會交由國內自己的人，而是其他國家的人去執行。證據在於包括麥哲倫及達伽馬都是外國人。另外，何以西班牙國王會是航海的贊助者呢？原因在於屆時所發現的財富就可以納入國庫。

藉由這樣的調查，意外發現教科書中沒有介紹大航海時代的另外一面。在當時也是利潤機制在控制社會，以及國人不想做的事情交由外國人去做的模式，自古至今，沒有太大的改變。

直到現在都還記得這些事情，那是因為我不是死背，而是藉由自發性提出疑問後所學到的內容。現在的教育，就只讓你記住一四九二年哥倫布發現美洲新大陸，雖然我不是立石一真，但我也要說，如果只是這種事情的話，機械也做得到。在今後的時代，若只是記住資料的話，不會有任何幫助。人類的本質，是要對於機械所輸出的資訊進一步思考為什麼，這才是勝負的關鍵。

求知不可怠惰

另外一件讓我在意的事情是，不容許自己在求知上有所怠慢，明明是自己思考就可以理解的問題，因為覺得可能很困難，或是別人已經提供接近解答的回答，許多人總是以此為理由而放棄思考。

以金融問題為例，我從一九九二年開始對於這個問題的嚴重性以及影響日本經濟層面提出我的看法，甚至將解決的方法持續刊載在月刊上，或出版成書（《從金融危機中如何再生》）。在我提出之後幾年，這個話題才開始引起騷動，但為何我在九二年的那個時點就發現這個問題呢？那是因為對於自己所思考的事情專注並求精解。在知識面的怠惰，我認為是身為人類最浪費的一件事情。

但是老實說，在八〇年代泡沫經濟的絕盛期時，連我都覺得日本經濟該不會真的就這樣一路攀爬而上。但是，NHK和《腰斬日本經濟》等均提到，由於市場開放等原因使得經濟無界限化，競爭力差的公司就會倒閉，失業率將提高而為二位數。接著九一年在看到啟動的總量制度與窗口制度的內容後，馬上驚覺這些都是無可救藥的方法，若持續這樣下去，日本經濟必定隨著金融一併瓦解。

當時，我是麥肯錫大阪分公司的社長，在我和名建築師友人安藤忠雄的一次對話中，無意提到：「今後的景氣該不會是漸漸變壞吧？」這句話點醒了我，讓我認真去思考這個問題。

繼續問到為何有此看法，他回答：「大型建設公司，最近都向比自己規模小的公司詢問有沒有工作可以承接。加上最近七點左右去三溫暖，也不像以前人那麼多。」比起往常工作結束的上班族都會去三溫暖，流完汗後再去喝個幾杯的情形，最近則明顯變得冷冷清清。

聽到他這麼說，我馬上從麥肯錫裡調查建築事務所的設計作業量（接案量），得到的結果當真有開始減少的趨勢。接案量減少就象徵著過了幾年後，應該建造的建築物件數確實會減少，並且所設計的建築物最後建造完成的時間是九五年的十二月份。在那之後，目前正在設計的建築物幾乎為零。

從這裡可以假設，泡沫經濟時期喧嚷使用不足的商業大樓已經超過真正的需求量，今後所建造的大樓會形成供給過剩而造成租金下滑，伴隨而來的是土地需求降低、土地價格下跌，而用土地做擔保的銀行融資就會出現大變數。我首先證明前者的假設。

順帶一提，若知道到九五年十二月為止這個時點所開始的新規定中大樓的總面積及當時大樓需求的話，就可以求算出空屋率。當時我調查了世界各地具代表性泡沫瓦解都市的個案，例如休士頓、洛杉磯、紐約、墨爾本以及倫敦等，在空屋率幾個百分比的時候租金會下滑多少。從這些數字可得知，若持續這樣不再增加需求，九五年十二月規模較大的大樓空屋率將達百分之十五，換算出東京不動產的收益還原價格將縮小至原來的五分之一。

聽了安藤忠雄關於三溫暖的話之後，我進行了這麼多的計算，比誰都早一步提出關於東京的不動產與金融危機的看法。我對於自己在思考上求知不懈怠這點感到自負。和我同樣聽到這番話的竹中工務店負責人竹中統一先生，也認同經濟會泡沫瓦解的看法。在大型建商中竹中工務店可以說沒有受到什麼傷害，我想也是因為這番話的關係，因此讓我們知道，一位成功經營者的「接收訊息度」以及「敏感度」是何等重要。

自己覺得奇怪的部分，應該進行調查，或是向專家學者請教，以驗證自己的假設。如同前面所述，這對於創業家而言是非常重要的行動模式，若能持續訓練五年以上，相信就能自我改革成功。

我的做法是一旦確信透過驗證所得到的假設是正確的，同時就會思考對策和解決方式，做到可以發表的程度為止。因為，經由發表就會產生責任問題。因此，自己也會愈來愈朝著這個研究的方向前進；接著若出現相反的論調時，就會更加努力再努力。如此鞭策自己，就是我的自我訓練方法之一。

一年就要成專家

事實上，在我進入麥肯錫時，不管是關於經營或是策略諮詢都一竅不通，就像是進錯公司入錯行一樣。

之前在早稻田大學中的專門課程，以及東工大學研究所及麻省理工中研究核能共七年的時間，隨後在日立製造所當了兩年的高速核子反應爐技師，關於核能方面我稱得上是專家，但相對的連「價格」這個名詞的概念卻沒有真正的了解。在企業裡進行核能發電的研究，關於發電成本這個部分當然會計算。但是因為電力費用是依據國家的規定所決定，所以由市場來決定價格的要素及方法則全然不知。在這種狀態之下，雖然我擁有核能工學的博士學位，但在經營上就如同一般的初學者一樣。

於是，我下定決心給自己一年的時間學習。麥肯錫是一間從事什麼經營的公司、是一間具有什麼特色的公司、公司所蘊藏的手法及know-how、過去的實戰成績等等，從最基本的架構到高度的運用，我都決定要徹底研究。慶幸的是，這些資料都做成報告的形式，逐字閱讀後再將有疑問的地方一一尋求解決。因此，一年過後，我比任何人都清楚關於麥肯錫的工作手法。

在經營上大概只需要運用到基本的加減乘除。以前運用高等數學知識每天與極其難解的多元方程式、向量和張量奮鬥，那麼困難的數學都能有不錯的表現，理所當然覺得經營這門相對簡單的學問，沒有學不好的道理。

正好當時《總裁月刊》的編輯部長守岡道明先生來採訪麥肯錫社長李・華頓（Lee Walton），由於守岡先生不擅長英文，所以必須由麥肯錫派翻譯人員從中協助，而碰巧這份工作落在我身上。現在說起來像是個笑話，其實當時我對於華頓先生或是守岡先生所說的內容，有一半都是不懂的。所以更覺得要多多學習經營相關的事情。

但是和守岡道明碰面的事情，對於我來說卻像是一個千載難逢的機會。因為守岡道明看到了我在這一年學習關於麥肯錫一切所做的筆記，而後他主動聯絡我，表示有意願將之出版成書，這個故事經過所成就的書就是《企業參謀》，而且這是在我三十一歲的事情。於是一夜之間，我變成了遊走國內演講關於經營方面的顧問，不知不覺邁向三十二歲。

這是一份對於經營完全不懂的人，為了了解經營，每天和報告格鬥後所作成的筆記，沒有比這份筆記更讓人能夠容易了解策略性思考的解說。因為這是不懂的人，為了讓自己能夠更簡單了解經營所寫下的書。但是相對於當時在美國年輕的人也可以向經營者提出建議，在日本的現象卻是只會聽取六十五歲以上白髮學者的意見。三十幾歲的人想向六十五歲的經營者提出建議的話，大概就只能擔任參謀角色，提供數據分析以供參考用。因為基於這樣的考慮，實際上在出書時，才會考慮改寫成對於經營方面提供參謀、類似參考書內容的方式來出版。

一般而言，進入公司任職經理後開始學習如何做經理，當上工程設計師開始學習如何設計，但我沒有侷限在這樣的模式中去學習。當然，我學習了專業的核能知識，但是從年輕時就覺得別的舞台也不錯，應該要將自己學習的領域拓廣，所以養成了多方面學習的習慣。

進入麥肯錫之後也是，對方雖然給予我應該學習的範圍，但是我卻將麥肯錫的所有一切都徹底調查研究。

從豐臣秀吉事先幫織田信長溫暖草鞋這個有名的傳說中，得到的教訓不就是：要將自己所處位置範圍擴大，隨時做好被傳喚的準備嗎？我的情形也是，進入到東京麥肯錫公司最低層的職務，藉由努力學習不斷擴充自己所處位置的範圍，在短短的一年當中竭盡所能學習到麥肯錫的所有一切。

這種做法就是，不要只停留在學習Ａ，要一邊思考若將Ａ運用到Ｂ的話會如何，如此就可以拓廣自己應該學習的領域。有才能的創業家藉由求知的好奇心拓廣自己志趣的事業領域，我想應該也是利用和我相同的方法。他們出類拔萃的思考方法和發想方法，就是藉由這樣的方式鍛鍊而成。

自我否定的重要與困難

到目前為止大都以介紹日本創業家為主，接下來想要以嚴格的觀點來討論從事企業經營的重點。

以美國的綜合電機廠商通用電氣公司奇異集團為例，其中攀上事業高峰的是旗下的奇異融資（GE Capital），該公司曾是全世界最大的金融機構，佔奇異集團整體收益的百分之四十；另外還包括有傳播通訊相關的NBC、飛機引擎製造公司，以及工程技術用橡膠製造公司等。從以上四個部門來看，和一百年前創業當時的事業內容，怎樣都不會覺得這是同一家公司。

這個變革比起當時雷吉納・強斯（Reginald Johns）為會長的時代可謂劇烈，傑克・威爾許（Jack Welch）擔任會長之後，將事業的主軸做大幅度且快速度的改變。傑克・威爾許在GE陷入經營危機時，為求生存，捨棄GE的傳統事業部門，並且做出非進入資訊通訊及金融領域不可的決策。因為運用科技可以產生附加價值，但是科技本身在先進國家早已不能當做商品來販賣了，這就是傑克・威爾許所下的判斷。

傑克・威爾許何以能夠將事業的主軸做如此大的變革？

因為傑克・威爾許並非出自GE核心事業部門的主流派，而是被稱為非主流派的工程技術用橡膠部門（Engineering Plastics）的外部份子。

關於他一個很有名的傳說就是，某次在製造化學化合物中，因為不小心做錯而有了今天新的工程橡膠這種說法。這也是因為他覺得這個產品相當有前途，因此創立了工程橡膠部門，而這個工程橡膠部門在重視電氣發展的GE事業中，是一個全新且顛覆傳統的部門。

據說擔任這個部門部長的傑克・威爾許先生，還不知在怎樣的緣由下，受到主要事業部門人員的排擠，甚至遭到欺負。但嘗過這種滋味的傑克・威爾許先生，最後卻站上GE的最高峰（提拔傑克・威爾許先生的雷吉納・強斯先生，本身也是從英國遠來的「外國人」）。

他在那個時點，相當清楚GE傳統部門內員工的極限與弱點，甚至醜陋的一面；另外，對於重電發展所需長期需求預測以及事業計畫，在時間的調配上會浪費很多時間。「事業就是具有效率的意思決定與執行」，這就是他重視實務性的態度，所以可以將保守的GE徹頭徹尾改變。對於自已出身的部門不會過度的關愛及束縛，對於事業的未來性不夾雜任何一分私情，因此他能夠以冷靜的態度來對待GE的一切，依循著公司整體的利益，將事業的基軸做如此大幅度的改變。

這件事情讓我們聯想到，日本的「綜合」電機廠商，恐怕沒有這個能力將公司的基軸做如此大幅改變吧！

經營的基軸在於公司核心的事業部門，如果是綜合電機廠商，可以說大部分在於重電部門與家電部門，若要從這個基軸移轉出去，唯一的做法就是將公司核心的傳統事業部門賣掉，或是與其他公司的相同部門合併的方式來切離，然後再從這個部分所獲取的經營資源投入新的部門，期待此部門成長。另外，要將不能用的人和物，換成可用資產。這才真正是對於「綜合」做自我否定。我想目前日本的綜合電機廠商，大概還沒有如此大膽敢做到自我否定的勇氣。

日本的綜合企業也是一樣，從鋼鐵、紡織以及食品材料部門竄出的優秀人才，很難與原本的部門事業做切割。因為被冠上「綜合」字眼的大企業，總是背負著沉重的包袱。相對於此，GE就進行了漂亮而成功的自我否定；也正因如此，到現在仍然是世界最頂尖的企業。

IBM也是藉由自我否定而再次復甦的企業。約翰．艾克斯（John Akers）是遵循主流腳步中的卓越人才，應該是總裁的不二人選。但是在電腦的小型化及個人化的趨勢之中，公司本身主力範圍已經慢慢瓦解，艾克斯仍然沒有辦法做到自我否定。這個結果使得IBM在電腦精簡化的急速成長中，仍像是中古世紀的爬蟲類般緩慢，最後導致艾克斯遭到罷免。

隨後，以公司體制外位居重要地位的吉姆．伯克（Jim Burke）為中心，組成繼任總裁的人事委員會。最後選出三位候補：一位是出自競爭對手的電腦廠商相關人士；另一位是風險性的電腦公司出身；最後是麥肯錫出身的經營高手路．葛斯納（Louis V. Gerstner, Jr.）。前兩位同是電腦業界出身，由於知道ＩＢＭ慘狀的來龍去脈，所以均斷言「無藥可救」。

而葛斯納是一位從麥肯錫被美國運通挖角，隨後又成為世界最大餅乾公司納貝斯克（Nabisco）的總裁，擁有如此經歷的人，坦白說，關於電腦可說是一竅不通，但是在經營上卻是位高手。因此，針對不要的部分可以毫無忌憚地大刀闊斧進行。

首先，將員工人數由五十萬縮減為二十二萬人；接著找來克萊斯勒的財務長，即使有反對的聲音，也全然不受這些異議影響，甚至說：「反對的話，就請離開！」

經過這樣的革命，才讓ＩＢＭ得以重生。人事委員在選取葛斯納成為會長人選之時（或者說，不得不選），正是ＩＢＭ需要否定自己是電腦界巨象這份榮耀的時候。

新事業要由新系統架構

無法自我否定的公司，不論是世界上哪個國家的企業終究會凋零，就算在美國也一樣；ＧＥ也是，若仍然保留核心事業並視為公司重點的話，我想今天也不會成為世界頂級企業。

在轉換時期，企業面臨最大的難關在於偏離基軸轉換方向，就和滑雪一樣，想要改變方向時，就不得不偏離原來的重心位置，就像是已經面朝山谷方向了，非得改變自己的姿勢不可。可以做到這點的，不是要有外來的人員，就是要具備刮骨療毒般程度勇氣的經營者才行。

如同前面提到的，在轉換期時無法自我否定的企業，即便是在美國，一樣會愈來愈退步。然而，美國的經濟是蓬勃的，那是因為新企業不斷地陸續產生之故。

在日本，十年內達成營業額一千億日元的企業稱為「急速成長的企業」。相對於此，最近在美國所謂急速成長的企業，平均十年可以創造一兆日元。

例如，戴爾、康柏、微軟、思科、傑威、昇陽以及甲骨文等，都是被稱為急速成長的企業。以往的急速成長企業，必定存在某些小部分的缺陷或失誤，但是這些企業確立了從一開始的接單下單就經過嚴謹管理的網路型系統，即使急速成長也不會產生任何一點差池。思科等公司有百分之六十九的訂單都是從網路上獲取，如此龐大的營業成長也絲毫不會影響人事費用比例。

例如戴爾和傑威，沒有透過經銷商或批發商，全美各地來的訂單都集中在電話中心處理，客服人員兼職營業員及服務員角色。因此形成購買商品的顧客必定由同一位專員負責的系統；當然，接受陳情也理所當然由當初接受訂單的同一位客服人員負責。因此，為了不使顧客混淆，客服人員都必須告知對方自己的姓名。

所以電話中心的客服人員，同時也是營業員、更是服務人員，成為以同一個平台為基礎的工作，這種電話中心和網路就顯得相對重要。

創立新事業時，不單單是職業型態的新穎，系統本身也是，應該要以全新的組織來建構。由於經濟的規模運作改變，收益的來源也和過去呈現不同的方式。戴爾和思科嶄新的營運手法，就是值得大家學習的地方。

為創業者找資金的平台

最後，介紹幾個我自己的事業構想。

其中一個是一九九八年十月一日在ＳＫＹ Perfec TV! 頻道757播放的「商業突破（ＢＢＴ）」電視台。這是一個世界首創二十四小時的雙向電視台。如同一直以來所介紹的，作為創業家事業的第一步，肯定在這裡會有好的開始。可以認識不同業界的人，也可以認識和以前所知道的完全不同類型的人，更可以和有不同經驗的的人聚在一起，而這樣的認識是很重要的。成功的創業家，絕對會珍惜像這樣與他人認識的機會。

BBT的播放的確創造出相當多的「認識」機會。我年歲一天天增加，總有一天像現在一樣巡迴全國各地演講的體力與時間會愈來愈少。因此，當我在想若利用衛星電視和網路結合可以做怎樣的利用時，就產生這個事業構想的契機。

簡單說明它的內容，就是收看電視的人可以藉由網路提出疑問。因此可以認識很多人，全國的人都可以認識包括我以及所有的講師，而且內容包羅萬象，甚至成立了可以直接和對方取得聯絡的網路首頁（http://www.bbt757.co.jp）。二十四小時無休，現場節目甚至可以即時提出問題；另外還成立「網路信箱」，只要將疑問傳至此，就會得到回答。

希望大家都能將這個BBT當作一個平台來利用，花十分鐘擬出一個自己的事業計畫報告書，提出希望獲得怎樣的技術支援、有沒有人可以出資贊助等等。

以往，自己擁有構想，必須等到機會來臨，然後才可以開始事業、籌措資金、尋找購買源頭，像這樣的創業模式需要經過很多的步驟才能到達。但是若能利用這樣的平台，以往的孤立無援，找不到商量對象的人，現在也可以有機會創業了。

一九九九年九月起，可以利用此取得美國南加州大學及澳洲私立邦德大學（Bond

University）的ＭＢＡ碩士學位。看電視時打開電腦上網，螢幕出現「請按下W鍵」的字幕，還有到了一定的時間，螢幕會出現「請按下Ｃ鍵」的方式，作為評斷在網路上收看ＭＢＡ課程的人的出缺席紀錄。這就是根據我所提案的「遠距學習」為基礎所進行的方式。

現在，若想要取得ＭＢＡ，學費一年就要花費二萬五千美元，假設再加上生活費用也要二萬五千美元；取得ＭＢＡ必須二年的時間，另外還得二年停職不能工作。年薪六百萬日元的人，為了取得ＭＢＡ總共就變成花費二千四百萬日元。

在這裡，我所想到的是，利用網路和ＢＢＴ電視台，讓第一年的課程可以在日本國內完成。成績優秀的人可以接受面試，選拔出可能獲得ＭＢＡ的人才。然後前往美國繼續念書拿學位。

如此一來，在美國接受ＭＢＡ學業的人，學費和生活費也只需花費第二年的費用五萬美元；第一年的學費五千美元加上收看ＢＢＴ費用，總共只需不到八千美元就可以解決，當然也不需要離職。若考慮第二年也在日本修課的話，南加州大學屆時會頒予ＭＢＡ課程修畢證書，而邦德大學會依據測驗結果授與碩士學位。

現在在日本，提高個人市場價值的趨勢十分高漲，預測將會有更多的人極欲取得各種資格。因此，經由網路或是電視作為媒介的教學，在將來勢必更為流行，所以潛在著相當大的機會。

另外，接下來具備有價值的資格，勢必變成世界通用的條件。特別是二〇〇二年國際會計基準在日本也開始適用，日本的會計人員也必須重新學習。因此，若能在邦德大學的課程上，取得會計碩士學位後，就可以立刻擁有參加CPA（國際公認會計師）考試的資格了。

讓電視成為網路

現在在日本網路沒有能夠普及化，是因為日本仍然維持著電視文化。電腦雖然比電視一目了然，但是畫面顯示的速度非常慢。按下開關後並無法馬上顯示畫面。因此在日本，若要使家庭的電視成為網路的端末廣泛利用，其普及率可能要做幾何級數的提升才行。

另一個瓶頸在於「鍵盤過敏症」，特別是中老年的商業人士有很多都是這個過敏症的患者，還有家庭主婦對於使用鍵盤也很不習慣。因此出現語音辨識，也就是利用聲音輸入，而在一九九八年五月成立的everyD.com公司，就是集合各企業，以實現語音辨識為目標，從此之後，可說是集大成的「瞬間網路」就要開始接受各式各樣的考驗了。

例如，電視第一個出現的畫面「今日行程」，與網路連結的電視告知「今天三點冷氣技師前來修理冷氣」；一旦回覆「今天不行」，畫面馬上出現可以替代的日期和時間，是一個可以指示與修理業者聯絡的系統。

第二個畫面「資產運用」，銀行帳戶的管理與收支也可以全部在畫面上進行，是一個可以處理信用卡和轉帳卡（debit card）結算的一個機制。當然包括對於資產運用提供意見。第三個畫面「幫忙購物」等，或是可以考慮其他更多的運用程式，包括信件的傳遞也可以利用聲音來進行的一個系統。

現在仍處於開發階段，九九年二月開始配置在五百個家庭進行測試。一旦完成，各個家庭的電視藉由數位機上盒（STB）連結電話線，就可以變成網路。所以，若想要將網路滲透進每個家庭，不從電視開始下工夫是很難成功的，而做到這點的就是everyD.com。

大前研一開銀行

這些計畫若均能夠順利進入軌道，接著我想要開始涉入金融，就是我以前一直提到的「大前銀行」，這是一個在日本至少可以提供利率百分之五點五的金融機構。這就是我之所以考慮「雷鳥證券」計畫的原因，意思在於瞬間可以做到世界標準的資產運用。很多人都建議我儘早將此實現，但我希望在這兩個平台（BBT和everyD）完成後再開始進行。

因為這樣就可以透過「商業突破」的節目，詳細解說雷鳥證券的內容與機能。另外，若打開家庭用平台，第二個畫面資產運用的內容就可以放入雷鳥證券的相關訊息。接著，另一個想成立的就是針對SOHO族的商業便利公司「@Work公司」，若此公司也可以開始正常運作的話，應該就會出現融資的必要，而成立個人小型事業的SOHO族就可以利用雷鳥證券進行資金的調度。

接下來的時代，特別是在這個資訊通訊革命的時代裡，我認為掌握事業關鍵就在於平台。

因為，所有的一切都印證著這些種種現實的狀況。我們在比爾．蓋茲所控制的平台（Windows）上進行電子郵件的交換；物流中，航空貨物也在聯邦快遞和UPS的平台上完全受到控制，這些都是現實的狀況；或甚至在美國運通或威士、萬事達卡的平台上，我們暢行於全世界購物，用此作為結算工具。

在此，我希望招集有志者，共同建構針對SOHO、家庭以及事業這三方面的平台。

訂定事業計畫書的建議

最後，針對事業計畫書的建議，僅做以下簡單的兩點說明。

第一個建議就是，不要在事業中加進太多的構想。所思考的事情全部加進事業中，簡直就像裝飾聖誕樹，容易導致雜亂無章。事業計畫書最主要是以募集贊成該計畫者與出資者為目的，因此重點必須明確，再加上一些能夠吸引讀者眼光的資料。接著再提出獨特觀點用簡單的幾句做出最後的整理。

最後，仔細琢磨這些列為重點的項目，是否是競爭對手難以模仿的部分。這個檢查，可以利用以下的兩個要素進行。

一個是know-how，另一個是速度；也就是說，事業展開的速度要夠快，即便是和競爭對手做相同的事情，要注意在系統上或是技術上對手是否會跟上來。

第二個建議，事實上這是最重要的事情，要對於出資者清楚說明一個尚未存在的事業，必須事先多次練習簡報的說話技巧。

就好像我本身在進行商業突破的說明時，例如提到只要待在家裡就可以取得世界一流名校的MBA，對方就會馬上對於這個部分感到興趣。用這樣的方式引起對方的注意，就可以順利與事業內容的說明連結，這是作為創業家不可或缺的一項能力。

利用以下的三個重點試著寫出一份精采的事業計畫書：

I　事業構想必須「獨特」

II 說明必須「簡單扼要」
III 市場要做「市場區隔」

事業計畫書若能依照以上的方式作成，加上能夠說明清楚的話，就可以達到創業家必須具備的最重要資質；接下來是付諸執行，抱持著「不厭其煩求知的好奇心」與「集中精神每件事情堅持到最後的熱情與持續力」，朝著擬定計畫的完成方向，一心一意勇往直前。

在過程中若遇到疑問時，不要猶豫，詢問值得信賴的人，或者是再將此書重新閱讀一遍，因為成功的必須事項，全部都寫在這本書裡了。

①總量制度：預防大氣污染與水質污染，計算於一定地區內污染物質的容許排出總量後，再針對該地區內的工廠等進行分配可排出量的一種總排出量規定方式。

②窗口制度：日本銀行對於生意往來的金融機構，進行顧客的借貸增加額度必須控制在適切範圍內的指導，亦稱為窗口指導。

第五章

酷斯拉企業

世界市場變成國內市場

一九九九年的時候，有一種說法認為，近年來的美國正面臨一種異常的狀態。進入一九九九年以來，紐約股票市場的平均股票價格突破一萬美元的股價高漲現象，使得全世界的資金都集中到美國市場。然而經濟卻呈現虛有狀態而不真實，充斥著虛擬事業，確實意味著危險。

另一方面，由於金錢集中到美國，所以剝奪了開發中國家的財富，導致其他國家經濟不活絡。因為世界上的金錢必定會集中流向繁榮的地方，亞洲和中南美洲經濟停滯的原因就在於資金全部回流美國。

在柯林頓就任美國總統的一九九二年時，美國的道瓊指數平均約在三千點上下，後來卻可以輕鬆突破一萬點，短短六年之間上漲三倍以上。百分之八十以上的美國人用了不同形式的資產運用，其中包含了股票交易，所以可以合理地推測大部分的美國人都變成了有錢人。

再加上美國的「年金」、「基金」及「投資信託」也都上漲三倍，若也有購買那斯達克股票的人，可以想像他們的財產增加幾十倍以上。

然而反觀儲蓄率，相對於日本人百分之十五左右的數字，美國人的儲蓄率僅有百分之五到六之間，甚至在一九九九年的一月還轉為負值。這個負值代表著支出的金額大於擁有的金額，可以判斷多數的美國人，沒有為了將來事先做金錢的準備。

事實上，美國的儲蓄率這也是頭一遭變成負值。相對於儲蓄的降低，資產卻急速增加，更表示這所謂的「資產」是危險的，必須特別注意。因為沒有實質的支撐，當評價下滑時，價值就會一落千丈。

以股票為例，在顯示高價的時點，擁有股票的人全數賣出股票後，股價會大幅度下滑；但是在賣出股票的瞬間，會有所有的人都賺錢的錯覺。像這樣產生通膨的危險性，往往關係著資產的真實性。

但是，今天的美國就沒有通膨的傾向，這是為什麼呢？

例如美國的對外負債是全球最大，並且仍有持續增加的傾向。另外，就地區性來說，有相當繁榮的地方，但也存在非常貧窮的地區。這就是我在區域國家論中最常用到的「斑馬」狀態。從遠處看呈現灰色，一旦近看後發現有白（經濟狀況好的地域）有黑（經濟狀況不好的地域）十分明顯；也就是說，經濟狀況根據地域差別產生不同的狀態。有人將這種現象稱為新經濟（New Economy），但這種說法不足以說明今天的美國經濟狀況。

為了說明美國的繁榮，我們試著來建立網路經濟這個假設。

所謂網路經濟可以簡單解釋為「將世界經濟國內化」。例如只要進入花旗銀行的網站，就可以獲取全世界的經濟，這就是所謂的內化（Internalize），美國經濟的強勢就是將全世界的經濟當作國內經濟來處理，藉由在網路空間裡進行世界的內化，美國本身就變成了「世界」。例如要購買或更新微軟（Windows）版本，不必經過輸出、輸入的手續，只要下載即可進行，然後再利用信用卡結帳。

在網路空間裡，國境間的通關變得無意義。在世界上變成美國的第五十一、第五十二、第五十三州，而美國的領土不斷地漸漸變大。這就是網路經濟的現象。

世界經濟等於美國經濟

美國經濟之所以可以擺脫通膨迎向繁榮還有一個原因，那就是美金成為全球通用貨幣（Global Currency）。美國長久以來存在對外債務，就跟在網路經濟空間一樣，對外債務也是不存在的。雖然以美金為基礎存在借錢的事實，一旦非得償還債務時，只要轉動美金印刷機來還錢即可。但這不是債務的真正意義。

例如在巴西，用美金借錢，所以償還時也必須用美金支付。由於這個緣故，讓美金（外幣）更加具有運用的價值。

但是，在美國卻沒有這個必要。即使在統計上的對外債務為負值，只要讓美金製造機器快點轉動，就可以輕鬆簡單償還所有的負債金額。這使得巴西和俄羅斯的家中存款（沒有存放在銀行等的儲蓄）又消失不少。以常識判斷，像這樣過度旋轉印鈔機勢必會導致惡性通膨，但美國卻吸收了其他國家人民的家中存款。所以我們可以說，對於美國而言，有沒有債務其實沒有什麼關係。

日本與美國之間最常引起爭論的貿易不平衡問題，也是同樣的道理。美國的貿易赤字金額極大，但從以前我們卻一直說日本對於這個國家的貿易不平衡問題「不存在」。

那是因為美國在購買他國產品時，是用自己國家貨幣的美金購買；另一方面，購買美國加州的柳橙或是日本新力的隨身聽，其他的國家也和美國一樣是用美金購買。例如在巴西想要購買其他國家商品時，沒有換成美金則無法購買。因此美金本身就是一個重要的貨幣，沒有它則無法運轉。這對於巴西來說是個存亡問題。

也就是說對於美國而言，想買東西時，只要轉動印鈔機馬上就可以買到商品，並且美金通行全球，因為大家使用並重視，所以美國國內才不至於發生通貨膨脹，這就是所謂「美國經濟成為世界經濟，世界經濟就等於美國經濟」的說法。

還有一點，美國之所以繁榮的原因還包括，這個國家人民所擁有的創意。例如，最具代表性的是透過網路販賣書籍的亞馬遜網路書店，所謂 dot-com 企業群的抬頭受到相當大的注目。網路企業不需要眾多的員工，這類的企業勢力若漸漸擴大，美國的就業人口確實應該減少。例如若利用亞馬遜網路書店後，一般的傳統書店就可以消失，就業人口理應減少。

但是一九九九年時，美國的失業率卻創下歷史新低，就產業整體來看，顯示新的職業不斷繼續增加，不要忘記美國在那五年間，創造出雇用一萬八千人次工作機會的事實。若只是朝向生產性工作的提升，絕對不可能會有這種現象產生。

網路購物習性的成形

美國的消費者在金錢使用上，全部的三分之一是集中在聖誕假期期間。一九九八年的聖誕商戰上，網路購物佔絕大部分的支出。因為在美國電子交易市場創下前所未有的紀錄，AOL以及 Yahoo 的股票急速上揚，同時 dot-com 企業的股票也同步高漲。

透過網路進行商業交易的嘉信理財公司，是美國最大的折扣券商（discount broker），同時也是 dot-com 企業之一。在業界以黑馬的姿態，在手續費自由化之下，不斷打出廣告一舉躍進。最初嗅出可以在網路上進行交易買賣氣息的就是嘉信理財，現在在網路交易佔有率中，佔整體百分之十的市場。

嘉信理財的股價甚至超過美林證券。以往只是一家折扣券商規模的企業，市價竟然能夠超過像野村證券這種大型證券公司，這是相當不得了的事情。至少多數的股票投資者都預測未來還是嘉信理財會成為股王。

證券公司意識到「不必在需要手續費的窗口購買股票，只要在不必手續費的網路上購買即可」的決定因素，就是始於一九九八年的聖誕商戰。

速度決定一切

現在並非大企業吞噬小企業的現象，值得注意的是存在「速度快」的企業吞噬「速度慢」的企業這種傾向。

「Fast is big, Big is slow, Fast is everything.」

這句話出自思科系統公司執行長約翰．錢伯斯（John Chambers），他說：「『快速』比任何事情都重要。」思科創始於一九八四年，二〇〇三年營業額為一百八十九億美元。一九九二年約有二千五百名員工，二〇〇五年則是全球擁有三萬五千多名員工的大公司。

公司的市價在九八年底高達九百億美元，二〇〇二年時甚至超過一千二百億美元。

擬定事業計畫時，必須事先把握好公司的可擴充規模能力（Scalability）。為了擴大規模，必須先做好可以承受擴大後的準備機制。

思科絕大部分的接受訂單和商品調度都在網路上進行，即使是客戶增加，只要在網路接受抱怨的機制存在，一切都沒有問題。不需要維修人員馬不停蹄前往各處，只要在網路上說明「碰到這個狀況，可能是有以下的可能性……」。當類似這樣的企業突然出現在這個世界上時，美國的經營者顫抖地說「這就像發現新大陸一樣」。

當時預測在二〇〇二年，美國的電子交易市場將會超過一百兆日元。在這樣的氣氛之下，當時花旗銀行的CEO約翰·瑞德（John Reed）為了維持世界第一的銀行寶座，宣示要擁有十億人次顧客數的態度是相當正確的。在一間購物廣場有六千萬人加入會員，平均每人一年支付四十八美元，只要在那種地方設立一個銀行據點，要實現他的宣言不是沒有可能。

那麼，有沒有可能讓十億人都擁有電腦、成為顧客呢？可能就沒有這麼簡單了。但這時卻出現一位叫做比爾·葛洛的人，他開始免費配送一千美元以下的戴爾電腦。這個部分的成本吸收，就是在使用戴爾電腦的開機最初五分鐘內必須出現廣告。這樣的話，就可以向廣告公司收取費用來提升收益。一發表這個計畫，就馬上出現願意出資的公司，因此就成立了一家免費的電腦配送公司。只是簡單地將不收取費用經營方式的民營電視台系統概念帶進電腦而已，就顯示出如此大的效果。

以前IBM或是蘋果電腦就只想到要賣出電腦，但是這種遊戲規則已經結束。在這個一九九八年聖誕引爆的革命，讓全美的經營者都為之愕然。

今後在這種網路商業型態加入市場後，能有效控制物流的企業才有可能成為真正的贏家。廣告商品的出現，讓原有的企業主力商品可以在數個月之間就產生變化。

學習酷斯拉企業

一九八五年雷根革命前後打開了新時代的序幕，到了今天回頭看才明顯可以看出它的影響。這個革命產生出染色體異常的企業，我將這種企業稱為「酷斯拉企業」。就像是美國好萊塢版的酷斯拉一樣，因為染色體異常而孵化；到孵化出來之前需要經過漫長的時間，孵化後的成長速度就如同電影內容一般。在企業上我們也看到了相同的情形。

雷根革命在運輸、金融及通訊領域中將制度鬆綁，使其得以自由化，對於酷斯拉企業而言，這三個都是不可或缺的條件。例如，藉由通訊的開放使得網際網路空間自由。思考出好的構想、將之付諸製造、販賣，並且在網路空間上結算。藉由金融的自由化，使得所有領域中的商業行為都變成可能，最後就剩下顧客的判斷而已。這就是雷根革命最大的特徵。

這些酷斯拉企業所創造出來的新指標（benchmark），思科公司就是最具代表性的例子。這個新指標的標準比以往給予優秀企業的指標還要高上十倍。從前十年創造營業額一千億日元的指標，現在則為十年一兆日元。從一九八五年起十幾年的時間，酷斯拉企業就將這個指標硬生生地提高了十倍之多。順帶一提，在日本完成最高成長率的京瓷（Kyosera）企業，達成營業額六千億日元要花上四十年的時間，而美國的酷斯拉企業創業十年就輕而易舉超越一兆日元。

另外，酷斯拉企業在利用網際網路空間上也是一流，前面提到的思科，其百分之六十九的訂單都是從網路上獲取，所以不需要倉庫。傑威甚至連一位銷售員也不需要。透過國際電話打來的電話，就有三千五百名的客服人員應對。這些客服人員同時也是銷售員、技術人員及服務人員；並且，顧客在想要變更下一台機種時，仍然是由購買最初機種時接電話的那位人員來負責。我們將進行這種服務機制稱為客戶服務中心（Telephone Service Representative），簡稱為ＴＳＲ。

另外，正當酷斯拉企業誕生的時候，展開全球性事業的環境也正整備就緒。日本企業的模式，首先都是先在日本境內穩固地盤、成長後，接下來在對東南亞地區輸出商品；或是在那些地區建造工廠，之後才進出美國及歐洲等國家。但是若依循這樣的模式，達到全球化至少需要花二十到三十年的時間。然而，酷斯拉企業在誕生的當下就企圖征服全球市場。像以前一樣的方式是行不通的。在誕生的同時就要製造世界通用的物品，在那瞬間就可以征服全世界。因此，酷斯拉企業就是仗勢著這股旺盛的事業企圖心讓其他的公司收購，使得它的成長愈來愈迅速。

那麼，如何做才能成為酷斯拉企業呢？經過調查，可以歸納出下列六個共同的項目。

首先第一個就是，相當於在日本稱為社長的執行長CEO（Chief Executive Officer），同時實際上兼任負責資訊工作的職務，也就是CIO（Chief Information Officer）。

第二點，將世界上擁有頂尖製造能力及設計能力的企業，全數利用網路空間與自己的公司形成連結。

第三點，企業並非金字塔型組織，而是將組織扁平化，再加上無定型非結晶（amorphous）型態，也就是非結晶的非晶形型態組織。

第四點，不過分參與過多的事業。例如，若因為認為只從事網路相關機械，就生意範圍來說相當狹隘的話，即便要收購其他公司時，也應該選擇和自己公司擁有相同程度技術的公司進行收購。但是所收購的公司，必須在隔天就具備和公司相同的系統以進行營運。一般的收購，要完全吸收所收購的公司往往需要花上五至十年非常長的歲月，但酷斯拉企業則可以辦到在收購的隔天就站在同一陣線上服務，這就是善用併購（Mergers & Acquisitions）的技巧。

第五點，不需要太過投資設備；相對地，對於人的投資則相當注重。

最後的第六點，就是擁有套利（arbitrage）的概念。在找尋購買世界上最高品質、最低價格的商品上，發揮得淋漓盡致。物流部分全交由第三者處理，公司本身則擁有電子資料交換（EDI）介面，利用這個和顧客連結。顧客的利用滿意度也相當高。

以上就是酷斯拉企業的特徵，這種型態的公司現在在美國大約存在十間左右。環繞在其周邊則有數百家的迷你酷斯拉企業。驅動網際網路空間獲得持續成長的企業，我們總稱為「dot-com 企業群」。由於對於這些 dot-com 企業群抱以期待，資金自然集聚於此。這就是美國現在正在發生的情形。

酷斯拉如何誕生

相對於突飛猛進的美國企業，日本企業的現狀又是如何呢？

大家紛紛議論著，以金融機構為中心大舉入侵日本的外資企業。但是，這對於日本而言應該可以說是機會。不應受到媒體的煽動，而是要看他們的經營能力，要具備判斷媒體或是學者說法是否正確的能力。

首先，我認為應該要取消「外資企業」的這種說法。因為外資企業這個名詞本身所代表的範圍相當曖昧不明。以前，外資型企業是指百分之二十五以上股票由外國資本所持有的企業。但是，如此一來，例如新力百分之二十幾的股票是由外國人持有的，那麼不就算是外資企業了嗎？另外，目前在日本的企業，還有相當多都是百分之二十五以上外國人持股的企業。

因此，是否為外資企業，就現在而言是一個不必要的區分。只要這個企業在本國存在，就是本國的企業，所以應該不需要做這樣的區別才是。

最近都說製造業漸漸被取代消失，但我卻不認同這個說法，因為從酷斯拉企業幾乎都是製造業這點，就可以得到證明。但是要強調的是，若依照以往傳統的製造業方式當然不適用於現在，酷斯拉企業會運用企業資源規劃ＥＲＰ（Enterprise Resource Planning），以ＥＲＰ為基礎來做資料庫，透過網路進行，基本上是要做到企業流程再造（Business Process Re-engineering, BPR），而所利用的工具就是ＥＲＰ。接著，再將從顧客一直到銷售商品公司為止的所有過程內容加入ＥＲＰ，就成為供應鏈管理（Supply Chain Management, SCM）。在碰到瓶頸時，製造業的技巧就在於這個ＳＣＭ。

以往的製造業基本上做了太多多餘的事情，製造業為了成功必須先具備「抓緊顧客」、「將顧客的需求反映在商品上」、「以最便宜的價格最快的速度製造」，以及「不需要的東西就不要製造」這四個重點。亦即，必須事先審慎預測出需求才有可能成功。

現在，「只要針對訂單內容進行製造即可」，像這樣具有ＳＣＭ概念的企業才會成功。例如，戴爾電腦是接受訂單的瞬間才開始將訂單內容的軟體組合進電腦，完成一套的作業方式，從下訂單到交貨不到一個星期。因此不會產生價格的折讓，也沒有庫存問題，所以也不需要倉庫。在戴爾電腦的ＳＣＭ模式中，聯邦快遞成為他們的虛擬倉庫。運送途中的商品和完成品感覺上像是列入聯邦快遞的資產負債表中一樣。因此，對戴爾公司而言，沒有庫存的觀念。

在製造業中已經引起了這麼大一場的革命，最後相信不管是在製造業、金融業，或是網路購物會都一樣，只要確實掌握顧客的介面，針對提出要求的部分供給即可。同時，甚至要以讓顧客覺得應該還有剩餘庫存的速度來製造。這正是SCM的真正含意。

再次重回原點

為了執行SCM，作為基礎的ERP就必須認真進行規劃，特別是製造業更應如此。然而，捨棄現行的系統，重新設計符合公司本身需求的管理方式，的確是一項艱鉅的任務。因此，在這裡再次提出松下幸之助先生所說的話，破壞重建，應該選擇將所有破壞殆盡後，從零開始來執行ERP。

酷斯拉企業之所以可以快速行動，全在於它沒有需要捨棄的東西，因此不會躊躇不前。開發最先端的資料庫技術從零開始的做法，理所當然行動快速。若再加上成分技術、製造技術以及旋盤加工技術，會更加快速。在今天唯有這樣的企業才能成功生存下來。

前面提到的聯邦快遞也是，不斷由主力市場的運輸業轉變至物流這個平台。聯邦快遞現在同時進行物流和金流這兩方面，最受到各界矚目的就是它的電子商務物流事業部門（Logistics and Electronic Commerce, LEC）。這個事業部是取得與企業的介面的部門，可以說是聯邦快遞的祕密武器。例如，戴爾的電腦進貨延誤時，從顧客打往戴爾公司的電話就會連結到聯邦的網站上，直接由聯邦快遞來處理。

像這樣，世界上超高水準的平台若能夠持續進行完美結合，製造業也是同樣有相當的可能性可以具備競爭力。

①京瓷：成立於一九五九年，是一家包括半導體零件、電子零件、通訊機器、醫療用光學精密儀器、行動電話、健康食品等的多角化經營企業。

②EDI：電子資料交換（Electric Data Interchange）。是指由一家公司的電腦應用系統，將文件資料依標準化的格式以電子傳輸方式，傳送到另一家公司的電腦應用系統中。

第六章

赢家通吃的方程式

1. 冒險得以成功的關鍵

創業家最基本的條件

對現在開始想要創業的人來說，最重要的是對於本身想從事的事業不僅要有創意，甚至也必須深入探討「概念」的問題。

例如，設計穿著高跟鞋也能登上富士山的行程，與這件事相關的任何創業都只是一個創意而已，而非概念。開發可以讓輪椅通行的富士山登山步道，雖然是個很有趣的創意，但也不是只有想出這個創意的人才能夠付諸實行。這一類的事業，既無優越的競爭性，也不具備差異化要素。

這種程度的商業計畫絕對令人質疑，和其他公司競爭時，就只能降低價格，否則就失去優越性，最後終究力氣用盡而破綻百出。

企業經營中不論是多優秀的創意，光是如此並不能成為成功的充分必要條件。就我觀察過眾多事業計畫的立場來看，大多數的事業計畫都僅止於創意的階段而已。

當我提出「你要如何實現這個計畫？唯獨你自己才能夠辦得到的是什麼？具體的方法

是什麼？當其他公司也有相同想法時，你的公司所具備戰勝的優異性是什麼？」的問題時，幾乎大部分所得到都只是「沒有」、「但是具有不輸給任何人的熱情」等等。

若只是停留在創意階段的事業計畫中，其事業成功的可能性幾乎可以說是零。

總而言之，所謂概念，就是本身所具有的「充分必要條件」。作為充分必要條件，不只是創意本身的可行性，而是在實行時有其他人所無法進行模仿的特性；並且在支付必要成本後，還能夠產生利益。

所以，創業者的最基本條件就是，當浮現任何優越事業構想時，針對這個構想，具備深入推敲研究出概念的耐性與執著，將是重要的條件。

二〇〇〇年下半年的時候，《日經新聞》曾大肆報導「松井證券交易量超越野村證券」的新聞，並出現相當正面的評價。但是，這不過是單方面的看法罷了。

以數量取勝確實是件厲害的事情，但是勝負才剛剛開始，最後誰能夠取得勝利生存下來都還是未知數。要居於領先地位並非困難之事，最簡單的方法就是降低價格。因此成交量自然上升，就能瞬間達到巔峰。但是，一時的價格下降雖然能夠吸引客人，但在最終利益的競爭中挫敗的話，仍然還是淪為輸家。

如果只是在某一時點居領導地位，創造出所謂的先進優勢，有很高的可能性可以達成目標也就罷了，若只是暫時性的先驅者（Pacemaker），這樣的事業終究不能被稱為成功。

數年前有一間勝騰公司（Cendant），是專門提供介紹便宜的機票、租車以及飯店住宿的公司。當時具備壓倒性的魅力，包括我在內，竟然有高達六千萬人一年支付四十八美元的會費，成為該公司的網路會員。每人四十八美元的會費，六千萬人就有總金額將近二百九十億美元的會費收入。

之後，Travelocity和Expedia這兩家微軟體系和美國航空體系的公司陸續登場，開始免會員費服務的同時，勝騰的六千萬會員也漸漸消失，居然不需要一年的時間（編按：該公司九〇年後半經營不善，在二〇〇〇年面臨會計醜聞，付出將近二十八億美元的和解金。該公司後來藉由平台的重新建構以及與其他事業合併，使業績得以恢復。現為全球知名旅遊集團）。還有一家旅遊產品服務公司意得（Priceline），雖然業績有成長，但是仍找不到創造出利益的方法而陷入苦思之中（編按：該公司已被併購）。

不僅要從構想起步，更要能夠深入建立概念，必須具備其他公司無法模仿的充分必要條件，這樣的公司就不怕被隨後跟進的公司簡單地奪去創意或顧客。

我所說的概念就是必須滿足充分必要條件，這同時也是競爭對手無法辦到的事情，因此能維持自己設定的價格，並且能夠聯繫到下一個事業的發展，在不流失顧客的情況下能夠達到更多的事情。如果沒達到這樣的標準，就稱不上是事業；不能落實概念也不能稱為事業，充其量只是一個實驗。當面臨現實嚴苛的環境時，這些概念不成立的事業都僅僅是遊戲而已。

容我再次提醒，只有構想不能成就事業，必須能夠滿足成功的充分必要條件。所謂充分必要條件就是，顧客是否願意以所設定的價格購買？是否能夠以該事業的收益彌補固定費用或變動費用？當競爭對手出現時能否加以迎擊？是否能夠繼續保有事業？即便其他公司出現相同的構想，也能以這獨特的概念生存而不至於敗退等。

亞馬遜能否保住龍頭

讓我們來檢視美國電子交易市場具先驅者地位的亞馬遜網路書店，是否具備這個概念，能否滿足充分必要條件？亞馬遜現在擁有壓倒性的集客能力，但依我所見，這間公司並未找出對於上述問題的解答。

說不定依照該公司目前的型態就有可能抵達終點線，但是就現在而言，假設亞馬遜已經跑了二十八公里，但該公司仍然還沒有滿足充分必要條件。

亞馬遜以短短二年半的時間從零成長到二〇〇〇年達成一千億日元營業額的公司，以令人瞠目結舌的速度成長。確實是令人驚歎的世界新紀錄。可是，一千億的營業額相對就有六百億的損失。為什麼會有這樣的損失呢？那就是因為若是沒有持續花費高達營業額百分之二十五的廣告費，上亞馬遜的人次就會銳減；若是取消百分之三十的折扣，購買的顧客就會明顯下降。

因此對於銷售一千億就有六百億的負數而言，若取消百分之三十的折扣，也只賺到三百億；也就是銷售一千億會有三百億的損失，剛好廣告宣傳費用的部分就是損失的結果。

假設亞馬遜刪除掉廣告同時也取消折扣會如何呢？其實很容易想像得到結果：在亞馬遜的顧客應該就會轉移到全美最大的連鎖書店邦諾（Barns & Noble）。邦諾書店同樣無法做到百分之三十的折扣，但若是百分之十五左右的折扣，就商店的收益來說應該不成問題。無論如何，屬於亞馬遜的顧客會瞬間流向邦諾書店。

因此亞馬遜的創業者貝佐斯（Jeff Bezos），作了一個折扣縮減到什麼程度卻不至於流失顧客的實驗：折扣減少百分之二成為百分之二十八；折扣減少百分之五成為百分之二十五。但是這個實驗開始不久之後，就被眼尖的顧客發現，受到公平交易委員會的指正，而使得亞馬遜無法達成它的目的。

在美國有稱為羅賓遜—帕特曼法（Robinson-Patman Act）的法令，規定相同的物品不能以不同的價格進行販賣；同時也防止聯合壟斷者以相同價格進行販賣的雪曼反托拉斯法（Sherman Antitrust Act），兩者都是非常嚴格的法律，若是犯法則會遭到實際的刑責。

但是，如果有正當的理由則不在此限。例如對方同時購買了一百本書，因此將郵寄書本的成本部分轉為降價折扣，這樣情形是被允許的。若在毫無類似的理由之下，對這位顧客以百分之二十五的降價折扣賣出，對另一位顧客以百分之二十八的降價折扣賣出則違法。因此最後貝佐斯向顧客道歉並將錢退還而平息了這個事件。

貝佐斯為什麼在幾乎觸犯法律的情形下也要進行這個實驗呢？那是因為到目前為止大家對於這樣的問題仍舊沒有答案。將價格提高一個百分比會有多少顧客流失呢？將價格降低五個百分比又會有多少顧客增加呢？每調整一個百分比時，顧客增加或減少的狀態稱為價格彈性值，這些就是他所想要了解的。為了改善公司本身的體質，而做了這種具危險性的實驗。

如何防禦同業

為了不讓自己也成為前面介紹過的勝騰或意得這種類型的公司，事先做出最壞情況的設想是必要的。對於以類似構想加入市場的其他公司要如何加以防禦呢？方法有二。

其一是以比任何人都要快的速度前進，先行二十公里的人，若能維持比任何人都要快的速度前進，必定能夠第一個到達終點線。所謂比任何人都快的速度前進，雖是風險很高的行事做法，但卻是其中之一的方法。

有此一說，在這十年間月曆的時間增加為四倍的速度，總之已經必須想像三個月就是一年的時代了。軟體銀行的孫正義，就是將未來的二年換算成半年的想法，將三個月當作是一年、一年後就是四年後的想法。因此，例如在一月份提出的方案，七月時想要實施時，三年後發生徒勞無功的可能性就會變高。這是因為構想變得陳腐，環境也不斷地快速變化。

對於孫正義一年為四年的說法，我在擬定事業計畫時也是以這樣的速度來進行。思科董事兼CEO的約翰．錢伯斯，認為時代變遷的快速已經到達一年就是七年的成長。他從一九九二年擔任思科的業務人員開始，接著於九五年開始成為實質的最高經營責任者，於第一年度的營業額為八百億，到了二〇〇〇年度的營業額成長為一兆四千億。沒有任何一位經營者可以在短短的五年時間達到這樣的營業額成長數字。

就一般而言，日本公司的營業當期是從四月到隔年的三月為止，大家習慣的是上期為四月開始，下期為十月開始的節奏模式。相對於此，若變成每三個月一年的算法，每季的業績加總後在年底時聽著除夕的鐘聲過年，再經過三個月後又於最後一天再聽一次除夕的鐘聲，所謂新的開始、新年新氣象的節奏感就變得不同，速度也不一樣。

現在的技術進步和消費者行為的變化，很明顯的就是每季的變化。因此對「每年趨勢」不斷變化這件事，我也漸漸不再認同這個說法。每個人應該試著改變根深柢固的一年三百六十五天的節奏模式，這是一件非常重要的事情。

人心是善變的，所謂的趨勢是瞬息萬變；再加上現在所有的傳播媒體幾乎散播相同訊息的情況下，可以說在心理上時間變得更加短暫。

即使從現在開始將會有所謂驚人趨勢的實例發生，這個趨勢也不會維持長久。另外，即使到目前為止自己的公司都跑在業界的前端，也絕對不能說就是穩定的證明。因為人們的心會瞬間加溫，使得所有人都會往同一個方向湧去；接著在爆炸性的大受歡迎並急遽擴充增加時，會瞬間地冷卻下來，於是熱潮就跟著衰退，這就是現今消費者行為的傾向。

事業沒有所謂的趨勢、流行，事業是接受保管股東的金錢使之可持續地成長，必須能以穩定的速度進步，並且確實持續成長。

速度就是形成「差異化」的重大要素。對於事業而言，將速度感覺學到手是必要的，若只是默默地埋首於自己的工作，將會跟不上時代的潮流和變化。

但是，速度有如雙刃的劍，很容易有閃失。不能因為想要跟得上走在先端的團體，即便平常沒有訓練也勉強自己以最快的速度行走，這樣將會在終點前就體力不支而敬陪末座。對於自己的速度，一方面保持步調並逐步增加，將是在經營上做出差異化時的非常重要因素之一。

另一個充分必要條件是做到其他人絕對辦不到的差異化。例如給予顧客特權、申請商業專利來保護技術，或是儲備其他公司想模仿都無從模仿的技術祕訣等等，如技術性差異化、依據顧客基礎的差異化等等。

前面所提到的亞馬遜公司，就是沒有依據顧客做到差異化，因為對顧客而言亞馬遜是個買書的地方。因此，首先想要購買家具的人就不會上這個網站。販賣書籍以外商品的合作公司 Living.com 之所以倒閉也就是這個理由。這加速影響到亞馬遜，使得公司的價值快速下滑。至於顧客會上亞馬遜網站買書的原因，答案是便宜，而非因為顧客習慣在亞馬遜網站購書。其實書在那裡購買都是一樣的，只要便宜沒有一定非要亞馬遜網站不可的理由。但是，將成本壓低到極限時，若能將賣點慢慢由價格移轉為便利性販賣的話，亞馬遜網站應該也能夠轉虧為盈。因此若要讓比現在數倍的人口上網購買書籍，並且持續保持領先地位的話，這樣的轉變將是必要的關鍵。

勝騰在廉價機票的銷售失敗的理由和亞馬遜一樣。例如，美國航空十月十二日一四四班次2B的座位，任何人從任何地方進行購買都一樣。這個座位並不會因為販賣的公司而有所改變。從別家公司買到的座位就比較好是不可能的事情；也就是說，商品本身不具有差異化的要素存在。

現在，網路上所販賣的就只有這類商品而已，都是一些在哪裡買或是誰來購買都是相同的東西。需要說明的複雜商品、需要專門人員指導的東西、沒有經過查詢則無法判斷好壞的東西、流行時裝、憑感覺的東西等，於現在的網路上則無從販賣起。總之網路上，對顧客沒有所謂的服務或對於商品的忠誠度，最終的走向都是價格競爭。

正因為如此，我所強調的能夠永續經營的事業中其差異化的因素，就是顧客最終仍舊必須前來洽詢，這個部分連結到對自己有利的要素而成為非常重要的差異化因素。

思考、概念、技術，缺一不可

為什麼網路無法進入到一般的家庭生活中呢？我從三年前就開始徹底地研究，想辦法找出能夠克服其中困難的方法及機制。當時我參與的everyD.com這家生鮮宅配公司，即使不是使用美國規格的PC網路系統也能夠完成買賣行為，這是一項全新的嘗試並且受到相當大的注目。

網路的問題，單純只改善網站內容是不行的，因為這牽涉到網路的本質問題；若是必須透過重複按滑鼠才能從伺服器讀取資料、還必須花費相當多的時間，這樣的網路是行不通的。

為了調查網路為何無法進入到一般家庭的原因，一九九九年我們在九州地區以六百名的家庭主婦為對象，免費出借電腦，並藉由分發的商品目錄來進行上網購物的實驗。得到的結論是，網路並不適合販賣主婦想要在超市購買的商品。因為實驗開始時有六百名主婦，到最後只剩下少數幾個人而已。

為什麼不可行呢？首先第一個問題在於從開始上網點選到得到回應為止，共需要花費四十秒以上的時間。

第二個理由是，日本的主婦，特別是要照顧嬰幼兒的專職主婦，大多數都是從晚上十一點後才開始上網，而這個時間也是網路最忙碌擁擠的時段。即使是換上高速寬頻的裝置，忙線時不容易連線的情況仍舊不變。想要上網購物卻很難順利連線。這就是致命的缺陷。

第三個理由是網上所販賣的商品，大都以二百五十日元、一百九十日元或四百八十八日元等低價格的東西為主流，這部分無法使用信用卡付帳。一般網路購物習慣都是以信用卡或轉帳卡的方式付清，所以小額結算無法利用網路。

除此之外還有很多網路購物的致命缺陷。

例如，必須使用滑鼠移動游標進行點選動作，也是其中之一的問題。假設要做壽喜燒時，網上選購必須細分出蒟蒻絲、牛肉、青蔥、豆腐等壽喜燒的必要材料。但是，即便主婦們點選壽喜燒，也很難進入到壽喜燒材料的網頁。如果能提供壽喜燒的材料組合就沒有問題，但是就網路而言，是不容易達到這樣的形式。因為網路資料庫的構造，是以不同領域性質所成的型態。

好不容易進入到食材的部分，接著卻想買和壽喜燒沒有關係的白醋。一般在超市購物主婦們的動線是，最先到超市中間部分購買牛肉，接著在店門口買蔬菜，然後是到最裡面拿白醋，接著再回到入口附近拿豆腐，其行徑是屬於隨機而沒有規則。在網路上也依照相同購物動線的情況下，平均主婦在超市購物時，一次大約購買十二樣到十八樣的物品。如果網路上平均買一樣商品需要花四分鐘的時間，十二樣的商品合計所需要的時間則是四十八分鐘，若是如此，實際上親自走一趟超市反而比較方便。

調查一些生鮮食品宅配事業 **Peapod**（編按：網路超市產業的始祖，是此一產業中的先進入者，二〇〇〇年瀕臨破產時，由荷蘭的國際食品零售大亨阿霍德 Ahold 買下了百分之五十一的股權）、Streamline（編按：二〇〇〇年十一月宣布破產）、網上貨車（Webvan，編按：曾是美國最大的線上食品雜貨商，負債十二億美元，於二〇〇一年七月倒閉）、特易購（Tesco，編按：特易購在網路泡沫化之後未倒閉，是因為利用本身經營的超市來進行配送事業，減少倉儲的開銷）等之後，發現大都經營得不怎麼順利。

因此，我想到的是將 everyD.com 的商品目錄送到各個家庭，然後接受訂購，晚上十二點前接受的訂單會在隔日送貨。或許大家會懷疑這和目前已經存在的電話訂購或電視購物沒有什麼不同，但是這個公司的特徵是從認為美國型態的網路購物說不定不適合日本的家居生活，這樣的假設而開始的。對主婦們而言，上網購物不好，但是對商品目錄卻多多益善。所以開發出不論何種方式都可以訂購的互動式語音應答系統（IVR），只要打電話給訂購中心講出商品的號碼，或將利用電話按鍵，按下商品編號，當然這個系統連手機也一樣能夠使用。

訂購完畢後，會以「您所購買的全部總金額是多少、將會在什麼時候送達」的語音回應。付款方式和繳水電費一樣，可以從銀行的帳戶轉帳。

再者，為了讓這個互動式語音應答系統更加進化，則加裝上微條碼（micro bar

code）。微條碼是因應卡拉ＯＫ之類用途而開發出來的日本獨特技術，是世界上最小，面積只有普通條碼的大約三十分之一大小；即使在閱覽商品目錄時，這樣的大小幾乎很容易被忽略。讀取微條碼的裝置設在電腦的ＵＳＢ埠或序列埠（serial port）上。這個價值要五萬日元以上的裝置，藉由量產，現在則可以用月租一百日元的價格進行租借。只要掃過微條碼，在電腦上就會顯示出你所想要購買的商品。

另外，前面所提到的從伺服器讀取的方式，因為日本的主婦只有對於電視遙控器的類似經驗而已，所以若不能夠像遙控器一樣的速度都會被視為緩慢。因此，也開發了即使切掉電話線、去除伺服器，用光碟仍然同樣能夠接收情報，即使沒有連接上瀏覽器，當條碼被輸入的同時就會立即顯示出商品的另一套系統。

這套系統是由商業軟體公司美商宏道（BroadVision）所製作，由美商宏道提供和伺服器相同的系統，即使切掉電話線也能夠以美商宏道的程式重現在光碟上，並將它轉移到硬碟裡。

讓主婦接受實驗，一分鐘就能夠完成十項左右的商品訂購。即使是買到大約十八項商品的人，也可以在二分鐘之內訂購完成。

若將它接在行動電話的尾端，即使是移動中，只要觸碰按鍵也可以預約餐廳或參加抽獎活動。這個系統是和在名古屋的Neo cellular公司合作共同進行開發。當然這是世界首例，不論是上網或從光碟，或是直接從商品目錄都能夠使用的劃時代產物。

更讓主婦們高興的是，這是一套稱為語音輸入（Voice Prompt）的系統。在世界各地一直都有針對聲音的研究在進行著，但是都不順利。其原因在於，對於以聲音所說出來的東西想要變成文章的形式來表達。

但是everyD.com的話就沒有必要那麼精確，聲音只要能夠作為符號進行識別就夠了。只要不會發生說法略有不同，出現的產品就變了的情形就可以了。加上主婦對於游標或鍵盤的操作都不是很在行，因此若是以聲音說出「請將購物籃移到下方」、游標就會自動的往下方移動，若是說出「請將ＸＸ放入購物籃內」，想要的商品就會進入籃子當中。若是商品錯誤，只要說「請還回去」，就會還原。這就是所謂的音聲指令或稱為音聲輸入，將聲音本身的性質，在進行網路購物時作為能夠啟動電腦的工具。這項產品和ＡＭＩ公司進行共同開發，具有驚人的正確性，大部分人的說話速度都能夠順利進行購物。

另外它的優點是，在網路上可以瞬間移動至別的空間（warp）；買肉時若想到要買美乃滋，立刻能夠跳到美乃滋的頁面。這件事對於主婦而言相當便利。因為如同剛剛所提到的，主婦的購物方式是無法按照資料基礎上的秩序或是構造模式來進行，所以可以瞬間移動的這件事就可以像平常一般購物。在這項系統裡總計有十二項以上的專利在其中，另外還有許多的機制，但光憑這個優點就足以作為技術性的差異化了。不僅系統本身相當有趣之外，更是無法輕易被模仿。

若是要問如何能夠辦到這點的呢？那是因為清楚地了解到日本主婦相當排斥網路。為了在短時間內可以讓網路進入日本的家庭，在這個焦點上著墨許久，並嘗試各種方法才能夠達到今天這樣的結果。

總而言之，就是非常強烈地希望能夠滿足顧客的需求，並儘量在短時間內實現，將不得不克服的難題逐一解決。因此，能夠組合出其他人怎麼想都想不到的事物。所以光憑構想是不行的，還必須具備遠見與概念，以及能夠實現概念的技術，不依照這樣的順序來進行思考是不行的。

差異化是事業成功關鍵

以下是針對目前為止我所說過的觀念加以整理。

想要讓事業成功不僅是構想而已，必須落實具有遠見的概念，策畫出符合充分必要條件的事業計畫。充分必要條件是什麼呢？那就是擁有顧客，而這個顧客願意支付能夠彌補經費的價格。

為了這個目的，不僅在事業計畫中提出數字上的計畫，關於人事、技術、業務、合作等的計畫案也必須進行策畫研擬。

若沒有能夠提出具體性的計畫，光憑構想，若在競爭激烈時就唯有以價格來一較高下，結果將是倒閉。因此有必要將構想和概念做出明確的區分。

差異化因素有二大要素，其一是速度。要求速度的同時，要能夠解決顧客的困難，也就是具有獨特性的內容，對顧客有利就能夠得到良好評價這是非常重要的。若是和其他公司的特徵相同，只能夠以價格決定勝負的商品，儘管銷售總金額龐大也沒有用。

大榮（Daiei）是日本第一的零售業者，但是顧客並沒有到非大榮不可的程度。因此當價格便宜、貨品齊全的其他商店出現時，顧客就迅速轉移至別處。這種連鎖加盟的通路（強化聯繫）仍然無法取得顧客的心。

就大榮而言，增加數量的好處，就是在進貨時能夠向廠商要求降價，使得即便是降價出售時也還有利潤。若是同業的其他公司也擴充規模，就會立即失去在價格競爭中的優勢。是否有價格之外的差異化要素呢？答案是沒有。因此崇光（Sogo）或大榮都有過這樣的教訓。

現在，持續成長的企業事實上都具有自己的差異化要素，例如，主要目標集中在休閒服的優衣庫（Uniqlo，公司名為 Fast Retailing）。該公司在自己的契約工廠進行大量生產，在自己的商店裡大量販賣，以特別便宜的價格，在一個冬季光是刷毛休閒衫（Fleece）就賣掉二千萬件以上，完全是獨霸市場的狀況。幾年前服裝款式上還沒有「Fleece」這個單字的用法，但是現在一年就有百分之一百八十的成長。

因此，即使將規模擴大，並不見得就能夠到達終點線。大榮公司處於不得不連續不斷改變自己狀態的零售業世界裡，而它的問題在於採取擴充店鋪網一貫形式的規模擴大戰略。在成本結構上完全沒有任何創新，百貨業也是如此。

之前說明過的亞馬遜網路書店，今後將如何生存下去呢？為了不使亞馬遜倒閉，而將營業觸角延伸到 PC 或家具等，卻好像是掉入了越是著急就越陷越深的泥沼之中。只能集中於事業毫不猶豫的向前進。

二十一世紀裡最重要的能力就是「構想能力」。今後的社會和二十世紀型社會的差異，就在於必須以無形的東西作為假想敵。

現在，若是和所有的人走相同的方向、以同樣的速度前進，這是不行的。所謂的開拓者（Pathfinder），重要的是即使從不同方向進行，卻能夠第一個到達目的地。那個方向在哪裡呢？現在並沒有人知道。因此，對於看不到的東西，要努力思考「是這樣子的嗎？」「或者應該是那樣？」

總而言之，就是將看不見的東西勾勒出來。要有這樣的勇氣，做不好或許可能被譏為空想的理想主義者，或被形容成在做白日夢，還是要對自己所看到的籠統不明確前景，開始進行構思、描繪；進一步深入投資這個概念、加以實現。這關係到能否順利成功。

將看不到的東西具體化，進而落實成為事業計畫；也就是說，進行構思，將它歸納成具像的形態，並訂定成未來計畫，進而投入資金和人力開闢新的事業。這一連貫的程序將是今後必需的過程。

2. 贏家通吃型企業的招式

沒有內容的寬頻

一九九九年資訊科技戰略會議（議長為前新力會長兼CEO出井伸之）曾提出相關報

告，但由於日本政府完全不了解資訊科技的本質，國家完全按照公共道路工程的模式編列超高速網路基礎整備的預算，以至於產生嚴重的弊案。

目前，學校等機構要獲取三千萬日元的預算都相當不容易，但是資訊科技在各校平均投入卻多了一位數——三億日元。現在，作為公共工程的資訊科技以驚人的氣勢成長，投入金額高達十一兆日元。但是，其中有多少百分比真正投入在資訊科技當中則是令人質疑。因為甚至連下水道工程當中設置了光纖，就算在「資訊科技預算」裡。曾經誇口要在二〇〇五年以前，將寬頻鋪設到日本各地的家庭中，後來更說出能夠提前兩年達成四千萬戶家庭的目標。從來沒有一個國家敢作出如此的斷言。

美國民主黨的高爾在一九九二年的美國總統大選時，說過「資訊高速公路（Information Super Highway）」這句話，說過要在全美國鋪設光纖，但是完全沒有兌現。結果是由民間企業鋪設一萬八千哩的光纖，但是現在加入美國寬頻使用的人數也只有六百萬人而已。從美國的例子就知道寬頻不僅困難重重，而且很花錢，因為它的需求尚不明確。

即便提出「若沒有寬頻是否困擾嗎？」的疑問，也幾乎沒有人會回答「很困擾」。另外在寬頻的需求調查中有「寬頻用在什麼地方？」的問題，竟然沒有人能回答，頂多也只是比起連線速度慢，如果連線速度快一點當然比較好——這種程度的感覺罷了。

我曾經在衛星電視台SKY Perfect二十四小時播放關於商業經營的節目《商業突破》，我覺得其他頻道的節目大都毫無內容可言，而且大多數內容居然都是限制級。存在如此龐大的需求，卻不見提供者提出有內容的節目。

二〇〇〇年時，韓國的寬頻人口為六百萬人，幾乎和美國一樣多；日本即使將有線電視算進來也只有三十萬人，韓國整整是日本的二十倍。韓國的寬頻已成為僅次於美國在世界排名第二位網路發達的國家，若是以滲透的速度而言，則是世界第一位。南韓前總統金大中的最大功績，不是南北融合而是在於促進網路化這件事。

網路普及化的韓國人將寬頻使用在什麼地方呢，答案是線上遊戲和聊天。除此之外的實際運用幾乎是零。就連看電視，還是照目前的方式利用普通的電視觀賞。

在日本資訊科技戰略會議的報告中，雖然提出了二〇〇五年為止全國各地所有人口都能享有高速通信網的環境，進一步成為世界最先端的資訊科技國家，但是悲哀的是完全看不出有任何的進展。因為政府官員膚淺地認為這些都不必太過擔心，因為只要確實做出寬廣的高速道路，終究會有使用者出現。因此，今後的日本絕對只會成為沒有內容的寬頻（新世代超高速電腦網路）國家。

贏家如何通吃

姑且不論如何，二〇〇〇年被視為日本寬頻元年。在這個年代會發生什麼變化呢？我所想到的是網路服務提供者ＩＳＰ（Internet Service Provider），今後的通訊費用，包括所有的相關連結服務應該可以控制在三千日元以內。

高速通信網的鋪設需要大家分攤固定費用，所以只要多出一位使用者都是有利的。就算只是花一千日元費用的使用者，只要擁有多數使用者就是勝利。因此就結果而言，為能徹底掌握人數，不得不採取低姿態，以不到一千日元的價格競爭。先打敗競爭對手，剩下自己一個人之後再將價格慢慢地上漲。美國ＡＤＳＬ投資的北點公司（Northpoint）之所以會倒閉，就是因為開始調高價格的緣故。

i Mode移動通訊網則是成功的例子。i Mode當時如何達到個人獨霸的地位呢？因為傳送一組二五〇位元資料只要零點三日元，這樣微乎其微的花費，令其他同業眼紅且無法跟隨。

其實，為了傳輸一個訊息，用戶實際上大約必須花費十日元左右。例如想要看股票的情報時，先點選，進入之後再點選選單，再接著點進之後的股票欄，隨後必須輸入公司的名稱；接著在選取昨天和今天資料等來來回回之間，總計全部大概必須要有三十多次的點選動作。以零點三日元、三十次計算下來，大概就要十日元。然而，以單一訊息「零點三日元」的機制，就把與沒有察覺到的競爭對手之間的距離遠遠拉大。

二〇〇〇年時，世界上最賺錢的是行動電話。從美國的統計中，預測美國的行動電話再經過五年即將達到二億台，全世界則會達到十億台的數量。十億台這個數字所代表的是，全世界的人口有六十億人，所以可以推估每六個人就有一人擁有行動電話。今後行動電話將是人和人之間溝通的工具。並且成為所有資訊的發信基地。

這類通信費用需要多少的花費呢？持有 DoCoMo 移動通訊網的人，平均每月支出金額為八千九百日元。一家四口都使用的話就大約需花費三萬六千日元。因此，大家的可用金額減少，只能購買較低價的優衣庫或去吉野家、麥當勞吃飯。中間消費層的連鎖餐廳、一般商店，或是讓自己看起來比較體面的名牌商品需求，在這一年當中大幅減少，我稱這種現象為「DoCoMo 不景氣」。因為和水電費用同時月底一次轉帳付清，使得手頭上沒有多餘能夠使用的現金。

那麼 DoCoMo 是以 iMode 賺錢的嗎？答案絕非如此。iMode 大約只佔 DoCoMo 全部通信費用不到百分之十的比率。

iMode的手段以企業戰略用語來說，即是「Gimmick」，也就是花招、誘因。iMode只有二五〇位元，要將訊息全部完整送出幾乎不可能，傳送中途就會斷訊。因此，接下來的部分就得利用行動電話，就是三分鐘七十日元這個部分在賺錢。

總之，所謂贏家通吃的經濟，基本上都使用類似像iMode的誘因，這就是賺錢的方法。這樣的賺錢方法、手段都是非常重要的。

持續成長的企業也是如此，例如，優衣庫將主要目標設定在休閒服，消費者購買刷毛衣服的時候，發現褲子也很便宜，就順便買了褲子。講白一點就是以刷毛衣服做為誘因，讓顧客也購買其他商品。在休閒服領域中，完全是一家獨霸、贏家通吃的狀況。

另外，麥當勞也是如此，麥當勞一個漢堡的價格是六十五日元。要在哪裡賺錢呢？那就是以漢堡、可樂和薯條的所謂「超值組合」來賺錢。

再舉一個例子，美式的咖啡連鎖店星巴克，星巴克咖啡在日本全國各地大約擁有二百五十間分店，以咖啡的香醇味道吸引人氣。就像烤鰻魚店的招徠手段。當受到咖啡香味誘惑時，就會想要來一杯，或產生吃不到有如空氣般鬆軟的點心就不罷休的感覺。因此就成為一股風潮。

這些東西的共同特點在於，設定賺錢的機制，實際上是以誘因來吸引人潮。總之，不要將所有的東西都做得四平八穩，平均值的東西不可行，按照目前為止的模式將全部以定價百分之二十五或百分之三十為盈利率的方式進行的話，對於現在這個時代是完全沒有任何影響力或震撼力。

iMode的戰略給我們的最大教訓就是，創造出讓人前來購買的動機。這樣做的話一定會有人買、一定會有人使用，之後的事情，在那之後再慢慢地想吧！商業就是這麼一回事，環顧現在贏家通吃的企業，全都是因為他們可以清楚看出顧客的購買動機。

用一句話來詮釋內容

這個誘因我們稱之為迷人的內容，在電子商務若是沒有迷人的內容，是無法順利經營的。日本網路商店之中以樂天市場為首，在網路上展示各式各樣的商品，蔚為人氣，但是二〇〇〇年的時候它的影響相當薄弱。

因為在網路上開店要被收取幾萬日元的費用而覺得不划算，因此脫離網路的商店不斷增加。因此即使是網路，也必須具備讓人當想要看某樣東西時，就會往那裡去的決定性特色。樂天或是雅虎都同樣面臨必須與商店街作出市場區隔的情勢。

現在的社會中，若沒有認真思考贏家通吃這件事情則無法生存。只是半斤八兩、不相上下是絕對不會成功。何謂半斤八兩？舉例來說，以前的家電廠商就是這樣，不論是哪家製造電視的廠商，其獲利都是普普通通；電腦廠商曾經在一個時期就有二百家之多，全部都賺錢是不可能的，只有NEC因增加市場佔有率而達到賺錢的程度，其他則都只有一般水準。

另外，在日本曾經有過六百家的機器製造商，但只有富士通公司在數控（Numberical Control）機械上有賺錢，其他如川崎重機則是好不容易才能有些許的獲利。因此，現在的時代如果不像富士通具有數值控制的特殊技術，或沒有具備壓倒其他公司的特長，就無法繼續生存下去。

之前所提到麥當勞的例子，不是因為它是漢堡店就能以漢堡來賺錢。現在是以油炸類和可樂決勝負；而它吸引顧客的迷人內容卻是漢堡。現在的時代若沒有一項真正能夠吸引顧客的東西，那麼事業就不會成功。即便將所有的東西取得平衡並做出好東西，或是將全世界最高級的東西都備齊，顧客也不會上門。具有震撼力，若不能以一句話來完整詮釋的話，顧客是無法感受到它的魅力。

研究消費者行為

談到溫泉，日本現在最受歡迎的是黑川溫泉，前不久還是湯布院溫泉，現在黑川溫泉在西日本地區絕對是最有人氣。為什麼呢？因為黑川溫泉沒有像鬼怒川溫泉區的鬼怒川溫泉飯店，或和倉溫泉區的加賀屋這種大規模飯店或旅館，而且顧客可以換上浴衣穿上木屐，悠閒地走在街上。

大規模飯店或旅館在館內都設有小吃攤或遊樂場、卡拉OK室，甚至還有早市，顧客完全不用走出館外一步就可以盡興玩樂；再加上一整年都有團體顧客吵吵嚷嚷的。如果不在泡完溫泉後穿上浴衣和木屐到溫泉街散步，是完全無法體會出所謂旅行的樂趣或風情。但是這些溫泉街道上幾乎沒有人出來走動，顯得冷清蕭條。

黑川溫泉則因為大型觀光巴士無法進入，所以沒有團體顧客。而且為了讓客人能夠充分享受旅行的樂趣或心情，推出了在街上散步時也能夠自由進出其他旅館的特製溫泉木製牌子。住宿的顧客帶著這個牌子悠閒地散步在街上，一旦發現自己喜歡的露天溫泉時，蓋個印章就能夠進去泡溫泉。而且，若是無法將全部的溫泉都泡過，這個牌子在下一次來的時候仍然可以使用。顧客邊比較旅館邊泡溫泉，「嗯！這裡真是不錯。下次再來的時候就住這兒吧！」「這家和那家都還沒有泡到，還要再來！」因此，再次造訪的顧客不斷地增加。

黑川溫泉成功的祕訣，在於將相對於固定費用的邊際利益（marginal profit）貢獻做最大化。將旅館同業所競爭的溫泉作為固定費用，採取了在溫泉區裡只有溫泉是互相通融的戰略。藉由自由出入的方式形成網路化結構，提升溫泉區全體的價值而達到贏家通吃的局面。

日本一直被認為物價高，那麼降低價格就能夠賣得好嗎？其實依據不同商品而言絕對不是這麼一回事。河內屋（廉價的各種酒類直營店）開始實施威士忌的降價折扣，因此順風牌蘇格蘭威士忌（Cutty Sark）也降價，但卻反而完全賣不出去。現在，賣得最好的威士忌是三得利的「響」。市場開放之後，將價格調高卻賣得更好；那是因為了解到日本威士忌需求當中的百分之五十在於送禮，一千六百八十日元的順風牌蘇格蘭威士忌顯得價格過低，因此大眾反而選擇了送禮用價格大約在一萬日元的「響」。

這種現象讓英國蘇格蘭威士忌的廠商感到相當不可思議。通常若是將價格調降都會有幾個百分比的銷售成長，我們稱這個為價格彈性值，但威士忌的價格彈性值卻呈現顛倒的狀態，將價格調降銷售反而減少。

在這裡所提到的黑川溫泉和威士忌的例子中，我所想要說的就是，若不針對現在能夠致勝之處、順利進行之處加以研究的話，將會招致失敗。若想要在日本成功的話，就不可不了解日本人；日本人的集體行為，很多地方和美國的商業教科書上所寫的相反，若沒有針對日本消費者獨特的行為加以徹底研究的話，想要贏家通吃是遙不可及。

以世界觀來構想

在這裡先提出一個觀念：二十一世紀最重要的就是「構想能力」。將看不見的東西進行構思讓它呈現出來，歸納成為具像的遠景，進一步做成事業計畫加以完成，並從外部獲取資金——今後這些將是必要的過程。

例如，優衣庫的柳井正先生對於優衣庫的概念是如何進行構思的呢？他擬定出了在自己的地方進行大量生產、大量販賣的模式。通常，從事於物流業的人，考慮到的只是如何從批發商取得較好的東西，或是考慮用買斷的方法，所以便無法產生像優衣庫這種生產販賣一體化的概念。

優衣庫考慮全世界哪裡是最適合的生產地，並且可以大量調度最優良的材料，放眼望去，在日本國內無法滿足這個條件，於是構想出了在世界最適合的生產地進行生產，再從生產地直接送貨，去除中間剝削以直營店進行販賣的方法。現在，優衣庫在中國擁有五十處專門化的契約工廠，在那裡實行徹底的品質管理，進行生產約三百種款式的商品。

或許有許多人覺得日本的商品品質很好，但這些已經是幻想，現在品質其實是中國的比較優良。在日本為了提高品質有品質管理活動等團隊的構成，但是在中國則是實行美國奇異公司為創始的統計經營手法，也就是六標準差（Six Sigma）來力求品質的提升。日本在自動化後大部分靠機器在執行運作，而這些最先端的機械現在也被設置在中國，且人事費用只需日本的二十分之一。

再以茶來舉例說明，「靜岡產的茶」是在靜岡生產，而「靜岡的茶」則是在鹿兒島製作。這個「靜岡的茶」現在在江蘇省及浙江省，以迎合日本為主進行栽培，這是福建省以烏龍茶賺錢的某公司正在擬定的十年計畫。為了能夠做出和靜岡的茶相同的品質，花費了許多工夫進行栽培。人事費用是日本的二十分之一，而且因為採茶使用類似電動剪的工具進行，完全自動化。這應該也可以算是想贏家通吃。

像這樣找到最適合生產地，然後在那裡進行生產。軟體的話就是印度和中國；電子產品、生鮮蔬菜、服飾或是茶則是中國；穀物類則是澳洲等，不一定非得在國內尋找解決方法，為了能夠實現贏家通吃，必須將視野放在全世界的供給地和市場。澳洲的維多利亞已經可以栽種日本越光米。對日本消費者有所了解後，要如何策劃供應消費者商品的全球供應鏈，將是今後重要的課題。

若以為網際網路就是答案的話將會失敗。二〇〇〇年末的時候，全球的網站有一億六千萬個之多，其中大部分都不賺錢，因為顧客不上門；為了招攬客人必須在報紙或電視上打廣告，或是刊登在網頁廣告上。在美國為了讓一個客人上網購物，需要花費八十二美元之多，若是為了一個人要花八十二美元才能讓他買一百美元左右的商品，開店營業可能還比較理想。

日本的人口有一億二千萬人，而網站則比人口還多，有一億六千萬個網站互相來來往往。因此，儘管製作出非常精采的網頁，顧客還是不容易上來。一億六千萬個網站，就好比在日本有一億六千萬家店鋪。為了招攬一個顧客，所付出的成本恐怕比讓顧客實際去商店購物還要高。現在來看，這也就是當時 Dot-Com 暴跌的最大原因。

當所有的人前進相同方向時，以同樣的速度前進是不行的，重要的是必須成為開拓者。能夠贏家通吃的東西必定都是突出而明顯的，那個特別顯眼的東西，會被大家口耳相傳，大家也都會朝著那裡去；所以，能獨霸市場，必定有決定成功的「突出而明顯的理由」。

贏家通吃的方程式

觀察個人獨霸的經濟就能夠了解，個人獨霸的企業，以端對端（end to end）的解決方案，從顧客的介面開始，到最終的貨物遞送為止，都是由一個公司包辦完成。從某個地方幸運調度到商品，或是靠運氣爭取到顧客等這類方式則無法達到個人獨霸的境界。

我想優衣庫或大創（Daiso）是最好的例子，以端對端的形式，在自己的商店販賣。調度是在世界上最強的契約工廠、也就是在自己的地方進行，然後包括設計等一切都由自己一手包辦，不採取委託商社或在別處請人設計的方式。銷售也是在自己的商店，因為委託銷售的話，若出現其他更好的東西時，顧客立刻就會轉移到他處。

超市或百貨公司的營業額減少，就是因為無法確保住顧客的緣故。儘管對著將要倒閉的超市說「之前你有那麼多的顧客，現在就針對那些客人發出DM，或想些對策應該就沒問題了吧」，但得到的回答都是令人無奈感傷的「我們沒有顧客的名單」緊接著問到「難道開了三十年的店，都無法掌握顧客名單或消費的顧客層嗎？」，答案也僅是模稜兩可的「都是這附近的住戶」。這就證明了商家在經營時完全沒有想到要記住顧客的臉、名字或知道他們的屬性。

若無法了解顧客的真實狀況，生意就無法長久經營。做生意最重要的就是和顧客的雙向溝通，不管是電腦的資料庫或是其他方式都可以，能夠看到顧客的臉，或是以任何形式和顧客互相連結都是必要的事情。

從這一點來看，讓人驚訝的是日本的社會幾乎不看顧客的臉。沒有任何顧客的資料，即便有也是五年前的東西，之後完全不做任何的更正動作。比較好的則將它卡片化，但也立刻就轉包給信用卡公司，完全不會想要由自己公司來完成。

因此，一定要讓公司成為能夠聽取顧客率真意見的組織；然後，針對顧客的需求製作出合適的商品。在最佳的場所，由最優良的人員進行製造。不僅如此，若沒有內容、無法超越其他的更好的服務或商品，就則無法達到贏家通吃。

贏家通吃，需要具備一家獨霸的方程式，更重要的是必須徹底實踐。

讓我們稍微涉獵這個雖簡單但卻最重要的方程式——收益究竟是由怎樣的方程式所組成的呢？

如同每個人都知道的，收益是價格扣除成本（費用），再乘以數量（銷售個數）所得到的數字：利潤＝（價格－成本）×數量，收益方程式就是這麼簡單。若是想要產生利益，就提高價格降低費用，或者若想要有相同利潤的話，就必須賣出更多的數量。

另外，就是將市場規模乘以市場佔有率，計算出自己的銷售金額。通常市場規模是沒有辦法由自己來做改變的，因此就必須增加自己的市場佔有率；也就是說必須訂出比競爭對手便宜的價格，或是相同價格但是卻能夠賣出更多，必須具備有這種價值的商品。

接下來才是重要的部份，針對這三個要素、決定收益的三要素，是否能夠做到由自我管理？是否能夠擁有自己的影響力？若自己無法決定價格，自己無法管理成本費用，並且完全無法發揮對數量的影響力，那麼這樣的公司無法賺錢。

若想要讓事業成功，就必須將這三點同時記在腦中，想想看現在是否應該忍住不提高賣價而將費用降低呢？或是將價格降低以增加數量來使收益增加會比較好呢？如果能夠針對不同的局面做出不同判斷的人，這樣才能稱得上是真正的經營者。若對這三點無法做瞬間的判斷，則無法成為經營者。

不恰當的戰略，是指對於提高價格、降低成本費用，增加銷售數量抱有幻想。價格提高理所當然佔有率下滑。不佳的事業計畫，通常都是對於這三要素的關係無法自我掌握。因此，當業績吃緊時，完全不加思索便馬上提高價格，如此只會使經營狀況更加惡化。

另外，為了增加營業額而降低價格，但是並沒有賣出預期的數量，使得收益反而更加惡化，犯下這種錯誤的人也為數不少。

不論是何等複雜的公司，經營都是由這三個要素所成立。假設費用固定、價格固定、佔有率也不可能再有增加的機會時，那麼就應該停止這個事業。因為完全沒有自由度，就沒有任何經營的意義。

以汽車來做比喻的話更容易了解。開車時，就只有方向盤、煞車、油門這三要素，假設方向盤和煞車這二者被固定住，那就非常的危險。即使被要求「踩下油門提高車速」，也會覺得恐怖害怕而無法繼續駕駛。

所謂經營，就是在擬定事業計畫或進行企業思考時，針對當時的局面該做出如何對策進行深思熟慮。毫無對策就將價格提高的話，馬上就會露出破綻而導致失敗。若是要將價格提高，則必須考慮到提高商品的價值後，相對應該可以調高多少程度的價格。

現實中，雖然提高價格但大部份還是支出了相對的費用，例如打廣告來哄抬價格，或打廣告想提高銷售量，但實際上卻增加了一筆廣告的費用。

對於非常優良的商品想要提升它的等級、改良商品時，大部分的例子都是即使價格提高，成本上的花費反而更高，導致利潤下降。

若要開創事業，不論是醒著或睡覺時都要經常想著這三個數字，並且要非常機動性地利用這些數字。絕大多數的經營者，對於這三個數字的概念沒有很正確的認識。因此有所謂的「明日曲線」，就是想像明天會比今天更好，認定同時提高價格和營業額，並且降低成本就會成功，這種天真的計畫。

在這個方程式中有具體提高價格的方法嗎？有降低價格爭取銷售數量的方法嗎？沒有找到增加賣出數量的方法而調降價格的話，只會導致利潤一落千丈、甚至面臨破產。

今後想要創業的人，要實際地思考這三個數字的關係。如果腦子裡沒有時時順利掌握這個方程式的牽動關係，是沒有辦法創業的！

①Neo cellular：成立於二〇〇〇年，主要開發行動電話用微條碼解讀機的一家公司，於二〇〇三年與當初設立該公司的母公司 Neorex 進行合併。

②優衣庫：是一個強調高品質、低價位的品牌。從商品企劃、生產、物流到販賣都是由自己公司負責控管。有所謂「Uniqlo 模式」，就是依照顧客的需求在世界各地尋求高品質的產品進行販售。

第七章

創業的要素

構想能力主宰未來成敗

我現在所思考的是二十一世紀經濟，這個一直以來似乎看得到的大陸，卻看不見經濟成長，如何在這塊未知的大陸推展開多樣化的事業？為什麼如此說呢，那是因為目前為止的事業都是看得到的事業，也就是根據經驗法則的事業占了絕大部分，但是最近出現像網際網路、無國界空間以及像是商業中金融衍生商品等數學式上的空間（我在《新資本論》中將此稱為倍率經濟）這類新的型態，讓看不到的事物變得更多。

這些看不到的東西，新經濟空間的東西，要以言語來表達是有相當的困難。因此，我想今後「戰略（企業戰略）」這個說法也不適合於未來吧？

距今約二十八年前，我在《企業參謀》這本書中寫到「所謂戰略，可以用競爭對手（Competitor）和顧客（Customer）和自己的公司（Company）的三個C來做出定義。也就是說，對於顧客所要求的東西，給予比競爭對手更優質的且持續地提供，稱之為戰略。」

全世界的商業團體現在仍以「大前的三個C」，也就是「three C's」作為「戰略」講義的基本。

雖然很感謝大家的支持，但是「將這麼舊的概念教給下一代也會讓我感到困擾」這才

無法定義顧客、競爭對手、公司的3C

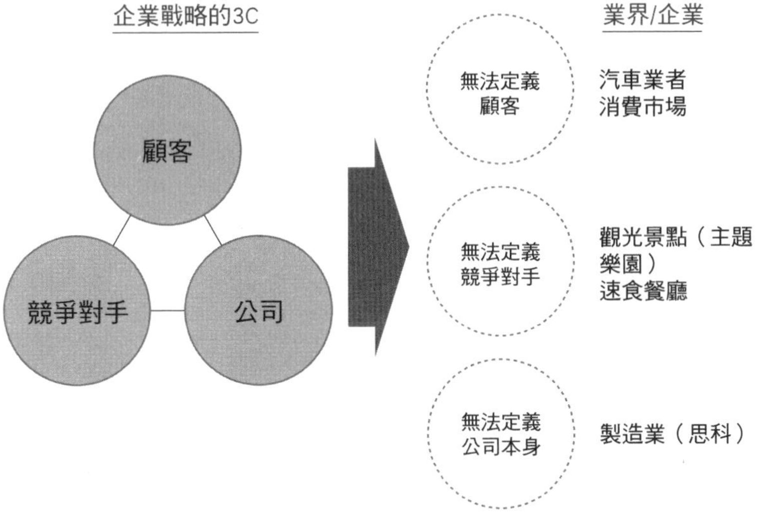

是我真正的想法，因為僅僅二十多年的時間，「戰略（企業戰略）」這個最基本的概念，似乎已經變得完全毫無用處了。

那麼今後什麼才是重要的呢，我認為是「構想能力（imagination）」，是否具備「現在開始，這個商品應該會熱賣吧！」這樣的敏感度。

例如史蒂芬．史匹柏拍攝《侏羅紀公園》，這部電影中描述從琥珀當中取出爬蟲類遺傳基因而製造出恐龍的故事，當時專家之間互相討論著「或許真的會發生這樣的事情！」、「若能夠取得長毛象的遺傳基因，說不定就可以讓長毛象重現」各種的說法。

但是，大多數的人仍懷著「真的可以嗎？」半信半疑的態度。藉由史蒂芬．史匹柏將它拍成電影，大家才開始意識到說不定這是一個可行的辦法。隨後，現在基因複製技術已經進步到能夠複製人類，甚至形成不得不踩煞車的地步。

現在雖然可能也有許多人能寫出那樣的腳本，但是史匹柏在十幾年前就拍出那樣的電影了，他應該也稱得上是具備驚人構想能力的人了！

一身「構想能力」並不難

現在的企業，我認為應該必須具備這樣的「構想能力」。但是，完全不具備這種能力的人實在非常多。

以往的企業只要思考戰略就好。首先，作為戰略的前半段是思考企業的遠景，確定「本公司為了顧客的滿意度，將全力實現消費者獲得舒適的生活」宗旨，然後落實成為事業計畫，接著擬定出人事及資金等營運相關計畫；然而，現在有利可圖的買賣，是看不出來事業版圖的。因此「構想能力」就成為必要的條件。

例如，我們在台場開發的維納斯城，是一處以女性為主的購物中心，那塊土地原本是東京都中止開發案的十三號地，是一塊早已雜草叢生的土地。當我和宮本雅史先生去探查那片土地時，我們可以看到人潮的脈動，清楚地預見了許多消費者進出購物中心的景象。

但是，某國際企業日本分社負責市場開發的部長，當他被帶到這雜草叢生的十三號地去做視察時被問到「可以看到人潮聚集嗎？」他的回答是「看不到」。不管做怎樣的說明，仍斷言「絕對沒有客人會到這裡來」。結果，因為他到最後還是無法想像顧客活動的景象而拒絕了在此開店的計畫。

現在看到很多的人潮在維納斯城購物中心走動的景象，才提出也想加入設置據點的人，顯然是沒有構想能力的。

另外，我曾經針對舊築地市場向東京都做出再開發計畫的提案，最初也是很難取得理解。一般的民眾提到築地市場，所看到的只有賣魚的商家或是倉庫，但是我從以前就可以預想到舊築地市場經過再開發後的具體影像。因此，將它做出提案，但光用口頭說明是不太容易獲得理解的，於是我改以電腦繪圖的方式將再開發計畫描繪成圖像加以說明，所得到的反應則有一百八十度的改變。在聽到我的說明時更是頗具同感的直點頭，當看到原本看不到的世界具像化之後，就愈來愈多的人對此計畫表示興趣而想要參與。

也就是說，我所說的構想能力，就是即使沒有描繪完成後的圖像，只經過簡單的概念說明，立刻就能將事業構想轉換成影像的能力。但是非常可惜的是，現實裡具這樣能力的人非常少。

但是，在某種意義上可能也是沒有辦法的事，因為大多數的人沒有接受過訓練，將看不見的東西具體化。

那麼，為了磨練構想能力要做什麼樣的訓練呢？第一，訓練的方法是有模式的，請將模式記下，在一段期間內自己利用這個模式來試著進行看看。在這個時候最好的方法就是，這樣真的是正確的嗎？這個是什麼意思呢？會發生怎樣的故事呢？用這類的形式進行徹頭徹尾的思考，然後將它用筆寫在紙上，並且重複不斷地練習。

第二，不斷去接近具有構想能力以及可以給你強烈刺激的人，聽取他們諸多的意見。實際上進行見面交談，接受刺激，突擊自己的思考。把握住眾多這類的機會。

第三，自己設定問題後，設想若是自己的話會如何進行處理。例如，受到中央區區長「希望能對舊築地市場提出一些建議」的拜託。若換成是自己的話會怎麼做，把自己擺在這樣的情境中，徹底進行假設性思考。在想法做系統歸納之後，試著寫下來；或是假設自己要向區長提出說明報告，若預計五分鐘的時間，就試著做五分鐘內容的報告說明練習。

若這樣的訓練能夠不斷多次反覆進行的話，不久的將來一定能夠擁有構想能力。

對於想要在事業上突破障礙的人而言，構想能力將會是非常重要的條件。若沒有構想能力，就只能夠從事像是在加油站賣書或卡帶等這類理所當然的、看得到範圍的事業。沒有構想能力的事業，將會不斷重演被捲入價格競爭之中的戲碼，大部分的事業都無法順利成立；即便成立，只要有競爭力的對手出現時立刻就會失敗。為了不要成為那樣的失敗者，各位要透過不斷累積的訓練，讓自己具備驅使構想能力的力量。

要自我否定才會有新構想

但是，在下列的情況下，構想能力就會受到束縛，必須特別注意。第一，無法自我否定。例如，日立、東芝、三菱等日本三大電機製造商，現在仍陷入拼命想讓既有的事業更進一步的苦戰之中。

另一方面，奇異公司在一九八一年傑克·威爾許擔任總裁後，事業內容完全不同。在傑克·威爾許成為總裁之前，奇異公司可以說只有電機事業而已，如其名的只是「General Electric Company」。

然而自從他擔任總裁之後，新增加的事業佔有百分之五十五。金融服務、不動產、NBC、核能供給、保全、經營管理顧問服務等事業佔半數以上，成為所謂的「Generally Not Electric Company」。

同樣的，ＩＢＭ也是，與其說是電腦製造商，在現在則是服務性質的公司，不如稱為「ＩＢＭ Consulting」還來得更貼切。這是麥肯錫顧問公司出身的路・葛斯納讓這家公司得以脫胎換骨。

總而言之，ＧＥ也好ＩＢＭ也罷，都是因為能夠做到自我否定，才能夠讓新的構想產生，蛻變成嶄新的企業。換言之，若日本的三大電機製造商無法像這樣做出自我否定，就很難會有新構想產生。

另一個受阻的主要原因是，沒有觀察整體而只著重於某部份。具有構想能力的人不會只著重於部份，甚至可以說能在瞬間就看到整體。藉由靈感或構想能力，瞬間掌握到整體。

例如，我曾在二〇〇一年去了一趟中國的大連，訪問某公司時，瞬間感受到「這將會是間接業務的優衣庫化」。之所以會有這樣的想法，是因為就像美國在愛爾蘭或印度之間進行間接業務一樣，所以靈機一動想到日本也應該能夠在中國大陸進行間接業務。

事實上在那之前我去瀋陽時，當時看到懂日語的中國人聚集在一起進行軟體開發的情形。一邊看著這些人，一邊就想到「如果會說日語，那麼就可以在此設置客服中心」。因為有過這樣的想法，當我在訪問大連的公司，某位接線生剛好掠過眼前時，瞬間就確信「這

對於新構想必須做到自我否定

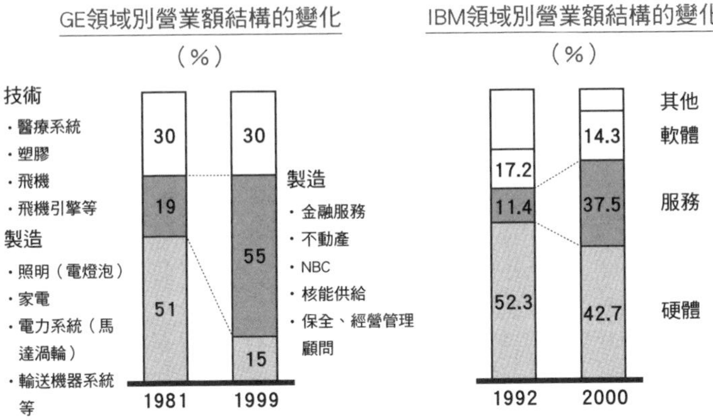

傑克・威爾許CEO

- 在公司內設置自我改革團隊
- 對於所有既存事業、利用e化組成對抗陳舊的事業部門

路・葛斯納CEO

- IBM means service
- 維持科技現狀則無法成為解決的工具

個間接業務在中國進行」的可行性。

進一步，因為看到「這樣的事業可行，那樣的事業也可行」的全部景象，於是將這些整理成大約十張的事業計畫書向遼寧省長做出提案。馬上得到遼寧省長薄熙來先生肯定的答覆，認為這是非常有前途的事業，並會全面給予協助。

總之，就是要意識到不單看部分而是觀看整體。當某個畫面飛入眼簾，靈感或是構想就會開始作用而瞬間湧現事業的全貌。因此，幾乎可以說，所謂具有構想能力的新事業，幾乎都只會從一個人的腦袋中形成。

想出在愛爾蘭設置美國企業的

間接業務的是布萊恩・科里根（Brian Corrigan），他一開始想將工廠設在愛爾蘭卻非常不順利，因此轉而成立了金融服務中心，接著將保險的核對業務及請求業務、信用卡的核對業務等這類間接業務全部從美國帶了出來，創造了二十五萬人的就業機會。另外，提到在印度的軟體開發，就不得不提到莫西（Narayana Murthy），他是英甫斯資訊系統科技公司（Infosys，譯按：成立於一九八一年，是印度最大的軟體開發公司）總裁，該公司在印度，卻能向全球提供服務。

像這樣的超級商機，都是擁有瞬間掌握全貌這種構想能力的個人所想出來的，因為三個人的腦袋裡不可能會同時有相同的構思出現。

構想能力中最厲害的、最令我感到興奮的就是華德・迪士尼（Walt Disney）。在距今約三十年前，當洛杉磯的迪士尼樂園變得不敷使用時，他們尋思要在哪裡建立新的迪士尼樂園，當時大多數的意見都是建議設置在人口密集的美國東北部。

但是，華德・迪士尼則提出「若在東北部的話冬天就無法開園，為了能夠整年都能使用，應該要設在南邊」。他將許多整年都能使用的候補地點進行檢討篩選，認為邁阿密和想像的場所有所出入、並且地價較高，而價格合理的場所則是現在被稱為奧蘭多市（Orlando）的佛羅里達州沼澤地，原先就只有住著鱷魚的濕地。

構想能力是能看到看不見的東西的能力

看得見的東西		看不見的東西（構想）	具體實例
荒廢的港灣、倉庫、工廠	⇨	職場住宅接近的未來型24小時都市	・港灣再開發（英Canary Wharf、澳Melbourne Dockland）
雜草叢生的空地	⇨	聚集25至29歲女性的購物中心	・維納斯城購物中心
出現鱷魚的沼澤、濕原地帶	⇨	從小孩到大人都能盡興長期停留的休閒主題樂園	・迪士尼樂園
銀行窗口、無限網路、行動電話	⇨	擁有全球10億人口持有電子錢包的銀行窗口	・「電子錢包」（花旗銀行等）
電話線、低報酬勞工、IT技術能力	⇨	透過全球先進國家的電話線，接受後端支援業務的委託	・愛爾蘭的電話服務中心 ・印度的後端支援業務 ・大連（中國）的後端支援業務

他主張在奧蘭多市以實驗未來都市為概念來建造迪士尼樂園。但是幾乎所有的人都認為「在那種只住著鱷魚的地方蓋樂園要幹嘛？難道是想和鱷魚一起玩嗎？」而紛紛反對。

現在，迪士尼樂園裡聚集了從世界各地前來的人群。華德・迪士尼在看到廣大沼澤地的瞬間，就可以預見從世界各地而來的人們正在快樂遊玩的景象。相對於大部份的人看到沼澤地，能夠看得見的就只是沼澤地而已。

另外，全球最大的金融機構花旗集團卸任CEO瑞德的構想能力也有相當驚人之處。他的例子是，在看到行動電話同時就認為「這個就是銀行」。更正確的說法則是，其實他並沒有那麼說，而是對負責的人提出「今後若是沒有十億人的帳戶，那麼銀行就無法以零售業務部門生存下來。因此，無論如何一定要達成十億帳戶」的指示。

接到這個指示後，實際想到將行動電話變成具銀行存摺功能的是一位女性負責人。我曾直接和這位女性談過這件事，她提到：「最初我認為花旗銀行創業以來經過一百年好不容易也才有一億的戶頭，在接下來短短的五年內居然要達十億實在很不合理。當時把頭轉向旁邊，看到了五年之後可能會達到十億台數量的行動電話，因此靈機一動想到可以將它當成存摺。」

正當花旗銀行要將行動電話做為銀行時，日本報紙則報導著「便利商店將會成為未來的銀行」的內容。相信讀過這篇報導的讀者，一定也都會認同當中所報導的內容。

但是，我在《SAPIO》雜誌則寫下：「充其量只有二萬五千家店鋪而已，怎麼可能成為網路的據點呢？理所當然不可能超越的網路。便利商品最多只能當是路邊販賣便當的場所而已。」

實際上也正如我所言，現在便利商店的ＡＴＭ雖然普及，但是卻無法成為收入的來源。因為將ＡＴＭ放置在便利商店，一天若沒有四百人利用就不划算。然而便利商店的利用人數，一天光臨四百人的店鋪的確在增加之中。但要假設前來的客人全部都使用ＡＴＭ才會划算，事實上是不可能的。

經營哲學讓你看見商機

有構想能力的人，前提是要具有哲學思想。例如，前面介紹的華德．迪士尼，他產生構想前提的哲學是，想要提供一個不只是讓小朋友忘我、父母親也可以同樂的場所。此外，嘗試做出未來都市或未來人類社會的共同社區之類的模範性哲學，也都可以從迪士尼樂園多少看出端倪。也就是「明日社區的實驗雛形」概念。

另外，帶領諾基亞（Nokia）朝向行動電話的經營者、現任執行長歐里拉（Jorma Ollila），於一九九四年的時候就曾說：「行動電話不只是部分人的持有物品，不久之後將會是全世界人都能帶著走的東西。」實際上，諾基亞在八〇年代後半時曾經面臨破產，當時的社長還為此所苦而自殺。歐里拉接收了即將破產位於芬蘭鄉下的公司，並在短短的七年間就讓諾基亞成為全球首屈一指的行動電話公司，在進行這個構想之前，他的哲學如下：

「為了讓全球的人都能連結網路，要如何才能辦到呢？不應該是桌上型的系統。必須是能夠帶著走的東西，且能滿足任何時候、符合所有人的條件。」這應該也可以稱為哲學。

有他這種移動影像的哲學思想，當新的事業機會產生時便能立刻感受到，並反應到行動電話的事業上。因此可以說，沒有哲學思想就無法創造出新的事業。

日本的經營者也是，創造戰後新時代的經營者當中，多數是具有哲學思想的人。前面提到的歐姆龍創業者立石一真也是其中之一，他認為：「網路時代將走向不用現金的時代。對於流動的事物有必要以程序控制，電腦化自動控制的技術一定會變得很重要。把機器能夠做的事交由機器來做，若是由人來從事機器就能夠完成的工作，就是錯誤的事情。」他對此深信不疑。因此，從這樣的哲學開發出交通號誌機，還有車站的售票機、自動驗票機以及銀行的ATM等多種機器。

另外，山葉集團創始者川上源一先生，於戰後不久日本仍舊處於非常貧窮的時代就認為「美國也是剛結束戰爭，應該也很窮困吧！想去了解會是多麼窮困的情形」，於是前往美國。但是，所看到的美國卻是相當的富裕，大家不是從事運動就是享受著休閒活動。看到這樣的光景，川上源一就察覺到日本同樣有一天會變得富裕，而運動或休閒活動將會成為一種產業。

這些成為他的起點，之後則以休閒為主軸將自行車、運動用品、樂器、音樂教室、度假村事業等，凡與休閒活動、閒暇相關的各種事物都成為事業範疇。

惡魔的使者

今後，各位在進行構想能力訓練的同時，另一件重要的事是試著進行反方向思考。

為什麼按人口比例來看，猶太人是最多得到諾貝爾獎的人呢？那是因為他們在生下來的同時，父母親就徹底灌輸這樣的想法——和其他人意見一致是不行的。在所有的人意見一致時，就不做決定，因為不能有達到全體意見一致的情形，所以徹底被教導成一旦發生全體意見一致時，必須有人扮演反對的角色。

這被稱為「惡魔的使者（Devil's advocate）」，因此當有人提出「或許我和你的意見一致，但我還是必須成為惡魔的使者，說出不同的意見」之後，就得重新進行再次的議論。藉由這樣的事情，將自己的想法加以發揮、進行辯證，尋求更正確的思考方式。

反之，日本的教育則是只有一個解答，只要將答案記下來就ＯＫ。都是以「是的，答對了。打勾勾」做結束，因為完全不討論或提出其他的意見，所以思考停滯且無法產生構想能力。這樣的教育作為九年的義務教育，再加上高中共有十二年的期間，若是上了大學，一共十六年的期間。長期被教導只要記住單一的事情。就像蓋章一樣，互相競爭的只是能否像蓋章一樣忠實呈現印章原有的模樣，這是一件多麼恐怖的事情！

中國是怎樣的情形呢？原本就有「不和別人做同樣的事」、「絕對要和別人不同」的本能，而且父母親平常就是這樣不時地施予教育，因此不必接受特別的訓練，本能的就會做出和其他人不同的事情。

有一句「寧為雞首不為牛後」的諺語，中國人若是在一間大公司裡工作時，會想說自己絕對要做出比這家更好的公司而不斷地進行學習。一定不是想要被上司認為是「好傢伙」而工作。若是自己從明天開始就要經營這間公司的話，要如何去做呢？以這樣的觀點認真進行思考並熱心學習，一旦得到機會就會辭去職務，在外面做出更好的成就，這就是他們的野心及熱情的根源。雖然是諷刺的說法，但在百家爭鳴的現代，中國經濟能有不錯的趨勢發展，不就是因為具有這項特質嗎？

從這樣的事情中，應該可以了解到家庭是多麼的重要，所謂的價值觀就是源自各個家庭。思考相反的事物、不做和其他人相同的事，這種價值觀，會產生在猶太人家庭或中國人的家庭，但是日本家庭卻不能。我的母親也是如此，要去上學時，大部分會交代「好好聽老師的話」，我想應該沒有母親會說出「絕對不可以和別人一樣」等這類的話。

做家業？還是做事業？

構想在事業上付諸實現時，必須注意的重要概念就是，提出假設、進行檢證、反饋，這種假設思考的過程是必要的，絕對不能只是進行類比性思考。

所謂類比性思考是什麼呢？例如先試著做做看一種事業，若是順利的話則進行第二個，再順利的話就進行第三個，像這樣一、二、三、四、五、六……，一個一個按照順序增加下去的思考方式。但是，這樣的做法不能稱作事業，充其量只是像魚販之類的家業而不是事業。

該如何做才能作為事業使之進行發展呢？那就是進行一個、進行第二個、進行第三個成功之後，接著一口氣增加為三十個。不是考慮第四個的狀況，而是考慮一口氣增加到三十個的擴展方法。這就是家業和事業的不同之處。

穩健擴張的原則

從三個經驗中抽取出共同項目，做成標準作業流程，以此為基準雇用人員讓二十七人做相同的工作。然後在三十的規模上，針對是否能將價格減半？能否更有效率？擴展商圈的可能性等部分進行多方面的檢討。

其次，試著進行三十一，依據不同情形再進行約二個，三十二、三十三，在這個階段水準中若能夠確實看得到可行性，接著便可一口氣增加雇用人員，提升到三百的規模，這就是事業的本質。

若是從一到三十按部就班的一個一個進行的話，光是如此恐怕一生就此終了。因此，完成三個之後，接著一口氣跳到三十，再試著新增加二、三個並進行檢討驗證，確定可行之後再一口氣提升到三百；進一步放眼未來，針對其他的事業進行構想，這就是創業者的發展過程。

在規模一的時候，若是一下子就考慮增加到三百的話是不行的，這麼做的話被稱為是「泰利斯」，出自邊走邊看著天上的星星，因而掉到井裡的希臘哲學家泰利斯（Thales）之名。因為在企業家之中有很多泰利斯，所以一定要按照上述的步驟來考慮事業。

另外，國際化的日本公司大多會和不同構想的頂尖企業變成夥伴。性格不同的二個人組成搭檔合作經營，是最能夠順利進行的。那是因為，即使是當其中一人接近失控時，構想不同的另一個人就會提出「這樣真的沒問題嗎？」然後從各種角度進行檢討，而取得平衡。

事業發展的過程

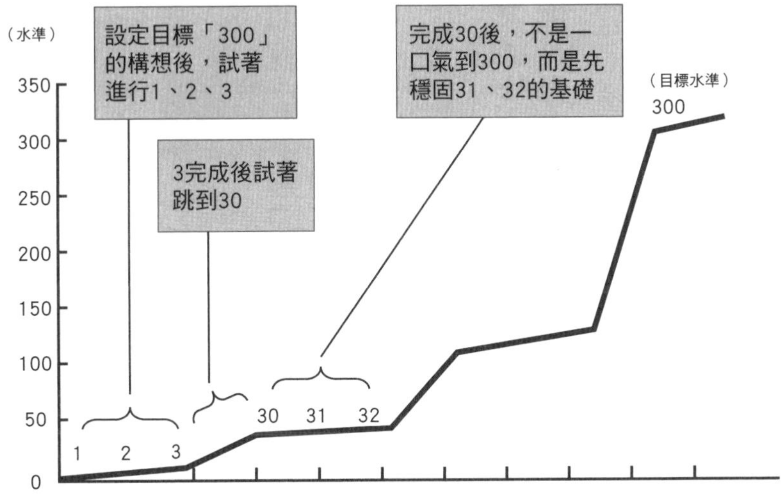

例如，松下電器的松下幸之助先生和高橋荒太郎先生，本田技研工業則是本田宗一郎先生和藤澤武夫先生。三洋電機則有天才型具破壞力經營者之稱的井植敏先生，和支持他的後藤清一等人。新力則是鼎鼎大名的井深大先生和盛田昭夫先生的雙人搭檔。

另外，迪士尼是華德和羅依（Roy）；微軟則是比爾．蓋茲和史蒂芬．巴默〔Steven Ballmer，創業當時則是保羅．亞倫（Paul Allen）〕；戴爾電腦的麥克．戴爾（Michael Dell）則是和在德州大學奧斯汀分校的室友凱文．羅林斯（Kevin Rollins）一同開始創業；雅虎也是由提姆．庫格（Tim Koogle）和楊致遠（Jerry Yang）二位共同創業。

從這些例子可以了解，創業時，和自己

的性格或構想不同的人互相搭檔組成經營團隊，是非常重要的。

智慧是思考出來的

最後再次強調，今後構想能力將會非常重要。因此，讓自己具有這項能力的訓練是不可或缺的。

我和NIKE的奈特執行長見面時，總是被問到「希望能夠聽一聽你對於NIKE五年後、十年後應有局面的看法，具有刺激性的話」。針對這些做出建言是我的工作沒錯，但是我被詢問的是普通人無法想像的NIKE遠景，甚至是創業者也無法思考出來的NIKE未來景象。因此，為了自己在和奈特執行長見面時能夠回答他的問題，我在平時就會逼迫自己，針對NIKE的今後狀況進行各種思考。

像這樣的進行思考就是非常好的構想能力訓練。所以希望各位也可以自我設定「NIKE的未來是什麼？」、「優衣庫的未來是什麼？」、「NTT的未來是什麼？」之類的題目，對於解決的方法進行思考訓練。想想看「中國的未來是什麼？」這樣的問題也可以，或許會覺得這樣的題目太大了，但是這樣的思考方式卻是一種很好的構想力訓練。

今後的中國將會是如何呢？我從很久以前就曾說過，中國將只有成為中華聯邦的這條路，因為中央集權將無法繼續下去的時代就快要來臨。以這種方式的話，台灣也可以納入中華聯邦之中，甚至也可以將新加坡以榮譽會員的方式加入也是不錯的想法，這些都是我在前往中國時就一再提到過的。

日本這個國家的將來，若仍然維持目前這樣的話，完全沒有發展可言。不具國際競爭力的人才，三千三百個地方自治體幾乎失去所有的功能，也幾乎沒有具有自主性的自治團體，國民平均年齡也超過四十五歲；考慮到這些事項之後，若還是覺得只要將不良債權處理掉，日本就會變得更好的話，那麼就是一大錯誤。

對於報紙上所寫的東西完全認同，這本來就是日本人的壞習慣。對於報紙上所寫的東西，電視上所播放的事情不要只是囫圇吞棗，得用自己的腦袋想一想，未來應該要如何發展。構想能力只要加以訓練就能夠不斷擴展。

但是，不能光只有夢想。必須是有條理的進行證實，資料需具有根據性，進行具有實現可能性的構想。接著在實現這個構想時，將遇到的障礙是什麼？要如何除去這個障礙呢？針對這樣的情況進行思考，並從構想擴展到未來景象，進一步連結到事業計畫。

總而言之，有了構想之後，接著將它深入落實成為未來的景象，進而擬定成為事業計畫，以這樣三個階段來進行是非常重要的步驟。當然，最重要的就是構想。因為若是構想無趣的話，未來的景象也會變得無趣，事業計畫理所當然乏善可陳。

經常可以看到非常認真在寫事業計畫書或現金流動表的人，這樣是不行的，最應該要下工夫的部份是作為所有事物出發點的構想，並且訓練自己具備這個能力。

第八章

路是無限的寬廣

資金聚集的地方就有生意

日本常被說是景氣不佳，但是使得這個國家經濟萎縮的不是在於缺錢，而是因為存放過多錢在不必要的地方。因此，若是能夠掌握真正的需求，可以說事業機會隨處都是。即使被說是不景氣，但日本畢竟有一億二千萬人口，是個平均每人GNP（國民生產毛額）三萬五千美元的富裕國家。

在不必要的地方存放過多金錢，這個最大的問題就在於高齡長者。不說別的，光這些人在死亡時就會將三千五百萬日元帶進墳墓。因年齡退休的日本人平均儲蓄金額大約是二千五百萬日元。擁有這二千五百萬日元開始過養老金的生活，因為房貸也都繳完了，所以當領到養老年金時就立刻將其中的百分之三十轉為儲蓄；這麼一來，到了七十五歲時就會增加為三千二百萬日元。因此推算在死亡時就會有三千五百萬日元的存款。

所以，著眼於這些人考慮新事業的話，就會是具有魅力的商業契機。例如，生平的回憶錄。將過去的光榮事蹟或回憶編輯成書；還有可以考慮生前葬禮等。高齡長者可以在生前邀請受到對方照顧過的人，舉行大約五百人的盛大聚會，並將自己生平回憶的CD-ROM做為紀念物品分送給大家……之類的企劃案。假設這些費用必須花四百五十萬日元，就可以用死亡時的保險金來支付，這種保險可以是包含類似反向貸款（Reverse Mortgage）的性質，那麼肯定會把錢拿出來。

構想事業時，沒有將目標鎖定在資金聚集的地方是不會成功的。日本的個人資產是一千四百兆日元，被稱為世界第一有錢的國家，但是有錢的是高齡的老人們，年輕人是沒有錢的；若是能夠想出讓老人們自願將錢拿出來消費的生意，肯定能夠掌握到這個廣大的市場。若覺得高齡化社會沒有未來、沒有發展的話，就不能稱得上是事業家。因為死亡的人會愈來愈增加，必須要有能將「死」做為生意、當作成長事業的創意構想。

但在進行事業構思時要注意到，若是以一百個會中一個的機率下注方式的話，就經營判斷而言是完全的錯誤，不能稱為冒險。這種冒險（Adventure），和我所提的風險（venture）是完全不同的東西。在思考新事業時，要在自己的腦海中組成構想、加以理解，並經常設定問題。進行問題的假設，若遇到無法認同的答案時則親自進行調查，也就是收集證據。證據一個一個出現，當七、八個能夠支持假設的證據出現後，無論詢問誰，若沒有任何反證提出時，就可以做出經營判斷。所謂經營判斷，並不是一百與零的絕對關係；也不是當集合一百個證據因為反證是零，所以決定可以進行下去。當超過五十、六十之後，覺得已經和一百非常接近時才做出判斷；在一或二的時候就認為是一百而實行的話，肯定失敗。建立假設後進行調查，提出各種否定、肯定的證據，認為可行的指數超過五十時做出判斷決定，然後才開始著手進行。

問對的問題

當試著對朋友說明事業構想、聽取對方的意見時，對於大家都贊成的東西就應該要加以注意。因為全部的人都贊成的創意，反而不是什麼了不起的需求。所謂需求，在開始問世時若佔有百分之十的比率就足夠了。因為日本有一億二千萬人，即使九個人說不需要，只要一個人非常強烈的表示這是絕對必要、覺得即使貴一點也想買的話，這百分之十就有發展成事業的可能性。因為光是在日本就會有一千二百萬人感到興趣；進一步按照年齡層進行區分，假設即使只有十分之一也就會有一百二十萬人，這樣的顧客數量已經很足夠了。

舉例來說，考慮在高知縣四萬十川的河邊建設安養中心。四萬十川的周邊在冬天也都還是很暖和，而且能夠優游自在地釣魚，並且鄰近也有醫療設施，加上和東京的安養中心相比費用也相對便宜，因此考慮在此建設這個安養設施。

為了調查當地對這個方案的需求，針對六十五歲的爺爺、奶奶們進行「會想要住進這樣的設施嗎？」這樣內容的訪問。結果，十個人當中有八、九個人回答「想都沒想過，若是要和朋友分開的話我可不願意」、「這樣子就見不到孫子了」、「我不喜歡到那種寂寞且不熟悉的地方」，答案淨是NO。訪問的結果變成完全沒有這樣的需求。

但是，這是因為調查方法錯誤的緣故，才會導致這樣的結果。這類生意，其顧客年齡層不應該在六十五歲。為什麼這麼說呢？因為這個年齡的人多數都還能夠幸福擁有含庭院的獨棟住宅，或是住在可以改建為兩代同居住宅的土地上。日本的住宅狀況是，這個年齡層之後的世代才是住在離市中心較近、但是沒有擁有土地的地方；而且因為地價高漲的結果，即使是所謂獨棟住宅，所擁有的土地也只是二十坪左右的大小，再接下來的世代要擁有獨棟住宅就更不可能了，只能夠住公寓房子。

所以，探討真正的需求，應該是設定比六十五歲還要年輕十年或二十年之後的世代。對象應該是雖然住的是獨棟住宅，但通勤時間必須花一個小時又二十分鐘的人們，或是住在沒有庭院的公寓的世代，針對他們的需求進行調查。如此可以知道這個世代裡有很多人認為在退休後，可以考慮不繼續在現在的居住地生活。中階管理職務以上的階層當中，想要在四萬十川這樣悠閒自在的場所養老的人，十人中就有一人。年紀大了之後，想要離開東京過生活的人，如果十個人當中有一個的話，就已經可以成為事業了。

再者，因為這樣的事業到成熟需要花上五年、十年的時間，若不詢問較年輕族群的意見就完全失去意義。現在，針對居住於都市或都市近郊三十五歲的人，提出「你所擔心的事情是什麼」的問題，就有一人會回答「年老之後的問題」。養老年金不知會變成如何，似乎也沒有能力能夠擁有附帶庭院、又可供兩世代同居的獨棟住宅，可以和小孩一同居住，以及對退休後的生活不知該如何準備等等。其實像這樣的人相當多，對於這些不安，現在還沒有任何人回應這方面的需求。

因此，就事業而言，這就成為絕佳的機會。若能回應這些需求，就能作為事業成立的因素。例如，對於退休之後希望到像四萬十川那樣極佳的自然環境生活的人而言，可以將壽險和反向貸款（用舊房屋的淨值抵押，支付新屋與生活費）利用組合，提供他們資金來源來換屋。在退休時能夠活用這樣的公寓，讓夢想實現，絕對會成為非常出色的事業。

我所想說的是，現在開始考慮新事業，若是能夠提供現代人尚未滿足的東西，將會是個大的市場。幸運的是，我們的社會有錢，只是那些錢沒有流到市場上而已。雖說個人資產是世界第一，但我們的生活品質絕對稱不上是世界一流。若是能做到滿足「人們尚未滿足的東西」，在那裡絕對會有事業的需求。

客製化是勝出關鍵

現在，在全日本鋪設光纖的計畫正在進行中，而實行這個計畫要花費數十兆日元。使用光纖之後可以利用隨選視訊系統（VOD）觀賞電影，但若是利用光纖觀賞《鐵達尼號》或《亂世佳人》就必須支付一萬五千日元。若是去連鎖影片出租店，想看的電影花三百日元就借得到。連鎖影片出租店若真的想和VOD競爭的話，甚至可以用一百日元的價格出借都沒問題。

利用光纖有沒有花費一千或是一萬日元也值得欣賞的內容呢？事實並非如此。對於不考慮內容，認為只要鋪設光纖就會有需求的人，就好比不加思考只顧著鋪設鐵軌的鐵路工人一般。所謂寬頻視訊，內容必須是經常開發更新、不斷進行改良量身訂做的，這才足以在網路空間裡產生出新的價值。

所以，我認為網路事業，若以投資模式來進行的話絕對不會順利成功。不要因為自己是有錢的企業家就將經營託付給別人，依照金字塔組織來經營的網路公司就可以看出來——全都失敗。我認為只有自己想要從事這個事業、自己想要成為所謂的內容、自己也是參與者的這種事業才能夠成功。因為知道這個道理，比爾．蓋茲現在仍舊親力親為，亞馬遜的創業者貝佐斯也仍舊是現任的ＣＥＯ，eBay的惠特曼（Meg Whiteman）目前也是總裁兼ＣＥＯ（編按：已於二〇〇八年三月卸任，現為惠普公司總裁兼ＣＥＯ）。

因為網路社會是活的東西，必須經常親自參與其中磨練自己的敏感度，覺得狀況不對就立即修正。最初就參加的人員，不僅是使用者同時也是製作者的身份，進而形成為一個社群。

eBay是這樣的概念，雅虎日本也是，還好和美國雅虎不同，這裡成立為拍賣網站，所以雅虎日本網站才能夠堂堂高居第一位。拍賣是美國雅虎沒有的機能，因為在美國幾乎被eBay包辦。在雅虎日本工作的人，以拍賣為第一目標，成功地達成不論是在什麼時候都可以收集二百萬件以上的拍賣物品。

即使在美國進行順利的事業，將它原封不動不加修飾引進國內，幾乎可以說看不到成功的案例。強調內容一模一樣並告訴大家這是在美國最棒的網路（eBay）請大家多多利用，雖然進行這樣的宣傳，但是大家還是都不捧場。果然，在日本，引進的東西不具有新精神的話是行不通的。

換言之，網路社會必須要形成一個社群才能夠成功。以雅虎日本的例子就能夠了解這個網路社群（cyber community）的概念，和美國完全不同的東西在日本辦到了。我認為樂天也是，若能更進一步的話，一樣能夠做得到。但是，現在的樂天只像一個大型的購物中心，感受不到任何的情感。

上雅虎日本的拍賣網站時，不同的是可以感受到情感這個東西。顧客的評價為何或利用了幾次呢？跟這個人購買沒有問題嗎？將這樣的回饋訊息做成評價系統。這樣的語言，對網路社會來說是非常重要的。這些都是讓人可以感受到情感，是網路社群中的一項規則。

因此雅虎日本這個日本最大的拍賣網站可以取得主導的地位。依系統而言，相同的網站非常多，唯獨雅虎日本能夠跑在前面，是因為它具備有超強的軟體內容。

在網路書店中，在日本也都是由亞馬遜網路書店遙遙領先持續走在前頭。在書籍類的電子網站中，本來是紀伊國屋和八重洲書店先進入該市場，但是亞馬遜網路書店在加入之後一年內，就領先並高居第一。

探討原因，那是因為亞馬遜的系統非常細心周到。當你進行讀取時，各種資料就會陸陸續續出現，同時還提供了「購買這本書的人也會順便買這類的書」或「提供組合購買」等各式各樣的資訊。甚至也有顧客提供的書評，並針對這些書評是否具參考價值進行投票，還做出了最佳書評前一百位排行榜。

我的《中國，出租中》這本書，於二〇〇二年三月二十九日出版，但在三月的上旬就達到亞馬遜網路書店的綜合排行第一名。當時報紙和雜誌都還未做任何的宣傳廣告，理應沒人知道我寫了《中國，出租中》這本書才對。但是，在亞馬遜網路書店的綜合排行上確實超過《哈利波特》成為第一名。

為什麼會發生這樣的事情呢？那是因為亞馬遜藉由資料採勘（data mining）的技術進行族群分析，然後發送電子郵件，將購買過我的書和買過有關中國方面書籍的人作資料交叉，建立名單，向這些人發送出《中國，出租中》即將在三月下旬出版，是否要進行預約的電子郵件。因此，光是預購就達到第一名。這就是在報章雜誌等媒體打廣告之前就能進入排行榜的原因，這是八重洲書店無法辦到的事情。

看到亞馬遜網路書店這樣的情形後，於是全國的書店都直接增加進貨的數量。出版該書的講談社紛紛接到增加書籍配量的要求，因此在書店也成為最賣座的書籍。我從這本書親身體驗到最暢銷的物品源自亞馬遜網路書店的現象。

不僅如此，台灣的出版社也都瀏覽亞馬遜網路書店，因此知道《中國，出租中》在亞馬遜的排行第一後，前來和講談社進行版權的交涉。在上海的朋友也說他上亞馬遜網站預購這本書之後，日本開始銷售的那一天，書就已經寄到了上海。

從這件事了解到，網路使出版業界引起極大的地殼變動，同時也影響讀者群體。那是因為資料探勘以及這個系統優越，另外還因為有三千萬台以上的電腦在日本家庭中被廣泛使用的緣故。

此外，在亞馬遜網路書店還有一件重要的事情是，這個網站的最主要使用者是家庭主婦。為什麼呢？因為在八重洲書店或紀伊國屋沒有進暢銷書排行榜的書，在亞馬遜的網站上卻是排行前幾名。一般書店沒有進排行榜的，但像是《和還不會說話的嬰兒說話的方法》這類書籍卻進榜前幾名。就是這些因為有小孩而無法去書店翻閱書籍的主婦們，成為亞馬遜的強力消費者。另外在亞馬遜的暢銷書排行榜還可以看出，與紀伊國屋或有鄰堂等傳統書店完全不同的全新構造，可以在一年之間順利建構完成。所以我認為亞馬遜今後在CD或DVD上面，也會使用同樣的方式來運作。

雅虎日本或亞馬遜能夠順利經營，技巧在於創造出一個與傳統形態完全不同的網路社群，是一個韌性很強、不輕易放掉顧客、具有非常強勁黏著性（Sticky）的社群。所以，即使只是在這網站中找尋資料，也可以發現許多開創事業的新點子。

再重複一次，所謂事業的機會就存在於亞馬遜之中。不是不景氣，而是因為像這種具有創意和想要開創相關事業的人實在太少的關係，才使得經濟委靡不振。景氣不好、政府快點幫助想想辦法讓景氣好轉……講這種處於被動姿態的話是不行的，也正因為是現在這樣景氣，新構思才有機會。這一章節到目前為止雖然只提到這些，但相信對於立志要創業的人而言，已經察覺到機會之多有如山一樣高。

未來的關鍵字：「無所不在」

雖然一直有人說，現在的通訊產業不景氣、資訊科技產業不景氣，但也並非如此。不過只是在不同的期待標準下產生泡沫化進而瓦解罷了，資訊科技從現在才要開始正式登場。事實上，在這個領域還是有很多市場存在。

今後的巨大市場之一是M2M（Machine to Machine），也可以稱這個為資訊科技，但還是把它界定在通訊相關比較好。現在行動電話蔚為風潮，行動電話稱為P2P，因此，預估大約七千萬支左右就會到達飽和狀態。因為嬰孩和超齡的老人並不使用，所以日本的話大概在七千萬至八千萬就是飽和狀態了。在中國，二〇〇五年將近三億台，但應該在三億或四億台也就會到達飽和狀態的吧！

然而，M2M的商機卻是無限，有掃描器的功能，送出信號讓訊息處理機運作，接下來處理完成的東西則會啟動促動器（actuator）開始執行。其中之一就是網路系統，在電腦自動化控制系統當中就存在M2M這樣的事業機會。

另外就是熱點（hot spot）。將無線的接續點設置在車站、飯店或是人群聚集的場所，然後再連結到一個無接縫（seamless）系統環境。事實上在所謂的資訊無所不在（Ubiquitous）的環境之中，這個熱點（Wi-Fi，無線區域網路）也非常的重要。

然後是PA、公共性事物評估（Public Assessment），使用GPS等的資訊科技，自動進行公共性事物評估的事業也是，我會在後面提到，這也是一個相當重要的市場。

接著是網路電話（Voice over IP），這是將聲音、影像及所有的東西以網際網路通訊協定（Internet Protocol, IP）來進行傳送，換句話說就是多媒體（Multimedia）的一環。這個VoIP將可以進一步取代傳統的電話。

還有線上學習（e-Learning），我的經營學校或是澳洲的邦德大學、美國的南加州大學，全部採用線上學習系統。我目前開了一個日本最大的MBA課程，將近有一千人加入這個遠距離的授課方式。要建造能容納一千人學習的MBA校區相當困難，因此想到將密集度最高的課程以網路來進行，再加上不定時有面對面的授課方式，就能夠比較簡單地實施大型課程。邦德大學的MBA課程一年只有二個星期的時間需要到澳洲本地進行學習；就好比所謂的虛實共濟型（Click-and-Mortar）的企業，雖然有實際的部份，但是大部份都是以虛擬的方式進行。這個電子化學習或是遠距教學，我認為將會成為今後資訊科技產業很大的事業機會。

接下來會成為關鍵字眼的就是「無所不在」。無所不在大約十五年前是學者們常使用的字，和中世紀的以太（Ether）概念相似。在中世紀時，認為在空氣中充滿著以太。所謂無所不在是指，無論何時、無論何處、無論是和誰都能夠進行通訊傳達的環境；所創造的市場，幾乎可以說是無限、不受限制的。

例如，罹患阿茲海默氏症（老年癡呆症）的老人，出去散步後就找不到路回家。即使是發生了這種狀況，只要有「無所不在」的環境，要知道老人在什麼地方的話只需要使用衛星定位系統一下子就查得出來。這是行動電話目前已經具備的附加功能，au 等均有提供這項服務，也就是即時（real time）的位置確認功能。

在資訊無所不在的環境下，若要發送電子廣告或是各種票券，因為可以即時更新價格，因此這將可能成為相當龐大的事業。例如，飯店在超過晚上六點卻還有二百多間空房時，就可以將一萬二千日元的住宿費用調降至八千日元，並且針對可能的對象發送出訊息。或是當時剛好有人正在尋找飯店，也可以將這個八千日元就能夠住宿的訊息傳達給他們；接著，還可以將這種折扣方式藉由自動程式設計，每過一個鐘頭就降價一千日元，發送給特定的對象。由於目標對象是進行狹域傳播（小眾的告知）、點傳播（特定個人的告知），這個情報只有少數人才會知道，這就是可以賺錢的理由。

所持有的資料之中，若是認為和 A 先生適合就只將這個訊息發送給 A 先生；這時給 A 先生的價格和給 B 先生的價格不同也沒有關係。針對不同客人的重要程度或購買頻率等不同，可以訂出優劣差別進行價格的改變。

如此一來，百貨公司的拍賣就會消失不見，還可以決定給今天最幸運的顧客特別的價格，一旦開啟電子鑰匙就可以用這個價格購買。或是只給特定的這個人才能夠使用的身份認證，做出區隔，給最好的顧客四折、次一級的顧客五折，若是商品還有存貨的話則在星期六、日才開放給一般的網路購物，類似這樣的事情也都可以辦到。

這種即時的定價方式是有可能實現的。成敗取決於資料庫的完整性，因為有這些資料才可以在價格戰略上進行區分價格的動作。

總而言之，這像是網路的暢貨中心（Outlet），現在暢貨中心廣場之所以都開在郊外地區，原因就是如果在市區的話，會引起既存商家的反彈。而網路的暢貨中心則是除了特定的人知道，其他的人全然不知，以此進行商品銷售。

接下來舉一個 M2M 的例子，例如，把感應器設置在特定的場所，將所得到的資料用無線區域網路傳送，若有任何不尋常的事發生的話，則啟動促動器進行控管。若是7-11的話，則可以將感應器裝設在冷凍庫，進行冷凍庫內外的溫度測量。當冷凍庫外的溫度升高時，促動器就會自動將內部的溫度降低。

這類的東西，對於中東地區石油產地，或是對於瓦斯外洩或漏水等狀況，存在無限的需求。例如，將炭疽菌或硝煙爆炸物等的感應器設置在公共建築物或機場裡，自動進行檢測，發現異狀時隨即發出警報並通知警察。

另外，自動販賣機也可以藉由感應促動器，將商品還剩很多不需要補貨，或是請儘快前來回收錢幣並補充新貨等訊息，向控管中心進行通報，這些都是M2P（Machine to Person），但相反的也可以將它想成是P2M這樣的概念。

但是，這些基本系統最終還是可以自動進行運作的M2M。M2M在今後，勢必會成為一個龐大的市場。可以說是因為機器之間會進行對話，所以存在無限商機。

再也沒有塞車了

現在大多將熱點設在車站等地方，但我認為這是不對的。不僅設在車站，鐵路之間、飛機、船、計程車，特別是將計程車上進行熱點化是非常重要的事情。為什麼這麼說呢？

因為搭乘計程車的人通常在車上沒有事情可做。不是翻閱座位前的廣告，就是只能和司機聊天，最近則有很多人一上車就猛打行動電話。若就電子商務（E-Commerce）而言，因為乘坐計程車的人多是中、高階層，所以應該可以成為最好的消費者。一天之中，四萬五千輛的計程車就有幾十萬這樣的人乘坐，所以計程車才是安裝熱點的目標物。

若是將封包通信網或ＩＰ通信網與衛星定位系統連結的話會如何呢？答案是公共性事物評估將會變得非常重要。我曾建議將車鑰匙和行動電話合而為一，加上行動電話也具付款功能早已經成為個人的電子錢包。假設將行動電話插入之後就能發動引擎，並且因為現在的車輛都搭載有衛星定位系統，和衛星定位系統連動之後，就可以用裝設的麥克風講話。只要說「Ａ先生」，就可以免持聽筒和Ａ先生通電話。

將車鑰匙和行動電話結合並和衛星定位系統連動會是怎樣的情形呢？假設有幾十萬人因為塞車大家都在繞路，就可以將這個情況在電腦上畫出地圖。如此可以免於塞車之苦，接下來還可以知道應該要接到哪一條路線。實際上若是幾十萬台車輛的行車狀況都能掌握的話，使用稅金進行建設或補修道路等工程時，也會比較容易取得公眾的理解。因為是依據大眾所可以接受的資料，所以能夠完成道路的建設。

假設行走高速公路一百公里需要支付通行費二十日元，那麼就可以設定後在月底集中一次收取費用。因為行走的公里數在電腦的地圖上一目了然，所以可以在之後依據當月行走的距離按比例支付通行費用；換言之，可以將高速公路的收費站廢除，依照實際行走距離來付款。

普通道路就將費用設定為高速公路的一半，如此就有可能廢除汽油稅等相關稅捐。以我的計算，一般自家用車輛的人假設一年大約繳交一萬日元，乘以車輛台數之後，十年就可徵收三十九兆日元。這樣一來，連道路稅都可以廢除，而且也將不再需要電子收費系統（ETC）了。總之，道路是國家的基本公共建設，將公共性事物評估在資訊無所不在的環境下進行，國家沒錢建設的問題可藉由技術得到解決。

限時購物賺大錢

關於事業的即時化，之前也有提到，是非常驚人的商機，那是因為這個世界上的產業都有高額固定費用。和前面提到飯店的例子一樣，摩天輪也是，雖然一整天轉個不停，但是在平常的時候幾乎是空的，只有在星期五晚上和星期六的晚上才有乘坐的人群湧入。但不論有沒有人乘坐，只要運轉所花費的電費是一樣的，所以若只要求有收入的話，其實可以給非熱門時段前來的客人三折的價錢也不為過。

超市也是，若是剩下魚或青菜等生鮮食品也只有丟掉；若要丟掉，不如用半價賣出都還可以有收入。若能夠使用行動電話發出即時電子廣告，例如「親愛的主婦們，若現在前來就可以用這個價錢買到○○」的訊息，就是可以讓超市及消費者雙方皆大歡喜的事情。

像這樣的事業即時化，不僅是消費者，也可以運用在機械的產能調度上。加工中心因為這個星期只運作一天，如果可以的話，在其他的時間請多加利用，由於有多餘的操作員因此可以幫忙作業，若是如此，那麼在同一個地區相同的機器只需要有一台就足夠了。假設某家洗衣店最忙的時間只有星期三，若是和其他家同業能夠相互合作一起共用機器，溝通使用負擔（loading）的時間表，這樣一來即使不用購入新機器只要有三台舊機器互相配合使用，也一樣能夠度過最忙的時間。即便是小規模的商店，若是三、四家店能夠一起做的話，不僅可以「虛擬連鎖化」，經營也會更穩定。

像這種負擔的時間表若能普遍被利用，用專業用語來說，就是對於固定費用的邊際利益貢獻最大化，這就是經營改善的最佳途徑。對於共同提升操作率，也就是提高使用率（Utilization），這種戰略是非常有效的。

為了進行這個戰略，必須要能即時的訂定價格，針對特定人士，傳送出瞬間的價格。所以我才會認為，事業的即時化會產生相當驚人的商機。現在，在倫敦等地有一種非常流行稱為「最後一分鐘」（Last minute）的服務方式，在星期五將「現在就坐飛機去巴黎吧！機票和巴黎的知名餐廳都預約好了。二人同行、住這個飯店、在這個舞廳跳舞享受愉快的周末假期」這樣的商品（服務）以一百英鎊、相當於日幣二萬元左右的價錢提供給消費者。因為是「最後一分鐘」、「最後的瞬間」所以才能辦到，以最低折扣的價格享受ＶＩＰ的待遇，這樣的生意正大獲好評。

日本在市之谷車站前有很多餐廳，但是超過晚上八點顧客就一落千丈。開在一樓的餐廳還會有零星客人光臨，但地下室或是四樓的商店，要顧客上門的可能性幾乎是零。因為一般的顧客如果看到一樓的店有空位，怎麼可能還會特意到地下室或是四樓的店消費呢？

這家開在四樓的店，計算出要把今天所有進貨材料全部用完，在核算有盈餘的狀況下定出價格，用電子廣告發出訊息。類似將「如果現在光臨的話將贈送紅酒，或是現在這個時段只要這個價錢就可以享受」等訊息，在DoCoMo的iAppli上寫程式，在端末可隨時改變輸入數字，瞬間就能夠和特定的人通訊。

不論是在東京或是大阪，因為飯店或餐廳過剩，即便是尖峰時間能夠達成客滿，但在非尖峰時間幾乎完全沒有任何客人。因此如果能夠實行類似「最後一分鐘」的服務，絕對肯定是個大事業。我個人就已經在橫濱和大阪，開始進行這個實驗。

學學優衣庫

「優衣庫化」這也可以說是一個重要的商業概念。優衣庫為什麼在五千億日元的營業額中能夠有七百億日元的獲利呢？現在營業額雖然和前年相比減少了百分之二十五、大約是四千億日元，但也還是有五百億日元的獲利。一般的公司若是營業額減少了百分之二十至三十的話就很難產生收益，但是優衣庫卻可以賺錢。

為什麼呢？因為沒有中間那一層的剝削，固定費用也幾乎只有廣告宣傳費用而已；另一個理由是，產地直送（銷）。將自己公司設計的東西在中國生產，直接在自己的商店販賣。因此，一千九百日元的休閒服賣出後還有三百八十日元的收益。一般在超市等其他地方的話，賣四千日元卻只能賺八十日元。

我所說的優衣庫化概念就是，產地直送（銷），會有三倍到五倍的內外價格差，假設市場目標為一兆日元，就可以成為龐大的產業。

首先，試想將語言學習優衣庫化會是怎樣的情形呢？假設全體日本人都學習英語，那將會是數兆日元的龐大市場。現在，在日本各地英語補習班正急速成長中，而我所思考的概念是優衣庫，也就是「產地直送（銷）」。讓英國、美國、澳洲等英語圈的語文老師，藉由網路電話方式在家中授課。若是寬頻的話，連對方的臉都看得見，甚至嘗試著與牛津大學合作，掛牛津大學的招牌來進行。其實也已經有這樣的軟體了，稱為「Interwise」的以色列軟體，現在已利用在企業的研修課程中。是怎樣的使用方式呢？例如當昇陽或是思科有新的系統開發出來時，都必須親自去拜訪顧客進行新產品的說明。若是要一家一家的拜訪則相當花費成本，因此就使用了「Interwise」。這個線上同步學習軟體可以讓圖表在對方的電腦上表現出來，全部可以雙向進行，而且可以支援一對多、一位老師對多數學生的環境。一旦有問題提出時，馬上可以請對方進行雙向溝通，而且還是在微軟的環境下就能夠完成。

例如，使用這個軟體進行產地直送（銷）的語言學習，假使語文老師要求報酬是每一小時二十美元。若四個學生一起上課的話，一對四、每一個人只要五美元就可以辦到，若再加上語言教室的利潤五美元也不過共支付十美元。可以預見一名學生每小時用一千日元、一千二百日元就可以直接跟牛津大學老師學習這樣的景象。語言學習的產地直送（銷），並且是由英國本地的老師來進行語文的教學；也會有美國的語文老師來上課，若是兩者（英、美）一起做的話，只需在對方白天的時間進行連線就行了，這樣就可以實現二十四小時教學的狀態。語言學習的產地直送（銷），在網路電話的時代就可以這樣進行。

另外，以住宅的優衣庫化來說，日本的住宅造價，每一坪要三十萬、四十萬日元的高價，世界標準幾乎是一半以下，若是在澳洲的話只要三分之一的價格就能建造房子。

在澳洲，有一間叫做 AV Jennings 有趣的公司。這間公司用 Adobe 的三次元軟體，使用電腦一邊和對方進行對話一邊進行設計。將顧客所購買土地的照片掃描進電腦裡，然後一邊聽取家中成員想要什麼樣的房間、喜歡什麼色系等一邊描繪出設計圖。若提出順便也設計一下庭院的要求，連庭園造景都可以幫助完成。

將這些接上 CAD（電腦輔助設計）之後，使用 CAM（電腦輔助製造）製造工廠就會根據設計圖裁鋸木材或做出各種配件，二個星期之後就能夠完成房屋的建造。一坪單價十五萬日元。全部量身訂做，在完工時連地毯都鋪設好了，電氣製品也都安裝完成。這就是我所說的住宅優衣庫化。

接下來接受訂做生產的優衣庫化也是很大的商機。照明器具、家具、床單、衣服、窗簾等，所有東西都有可能成為訂做生產方式的優衣庫化。在《力用中國》這本書中我寫到，中國和日本的關係已進入第二階段，第一階段是代工所產生的大量生產，第二階段則是量身訂做而且是一般商品的價格。

到美國時，大家都會覺得它的床單很好，並將它買回日本，其實這也是在中國生產製造的商品。沃爾瑪（Wal-Mart）的商品也是有七成屬於中國製，義大利的照明器具也是，幾乎都是在廣東的中山製造，在中山專門製造照明器具的公司就有四千家之多。假設能使用網路以量身訂做的方式，不論是家具、窗簾、床單都能夠做到比一般商品更便宜的價格。訂做商品的優衣庫化，勢必也會是個龐大的市場。

在第七章中提到我在大連開始的事業，就是間接業務的優衣庫化。這個事業就是將客服中心、信用卡的核對、申請書的數位化、問卷調查的收集統計、手繪設計圖的CAD輸入等工作全部在中國進行。這類的間接業務已經不符合日本的人力成本，所以藉由資訊科技，在人事費用比較便宜的地方進行。

美國選擇在印度或菲律賓進行。亞馬遜公司在美國西雅圖時呈現赤字狀態，但是轉往印度進行業務處理之後就有利益。現在亞馬遜則全數在印度，藉由專用線路或是網際網路進行間接業務。

醫院的處方箋也能夠用同樣的方式進行，例如醫生藉由網路電話對電腦說話後，讓在印度的女性將資料打出。在印度的終端機（Dumb Terminal）端末，不會將內容殘留在快速緩衝記憶體（cache）中，而只將紀錄回傳美國成為處方箋，就可以拿它去藥房買藥，然而醫生的手邊仍然會留有備份資料。

將這些分門別類後，可以利用電子商務的方式完成產地直送（銷），我的優衣庫化概念就是這樣的東西。在一兆日元左右的市場中，來回價差將達到三倍之多，絕對是可以做的生意。

你要如何測量距離

一旦決定了模式，思考新事業就會比較輕鬆。假設從澳洲將住宅的預製組件帶回日本的話，要花多少運送費用呢？我的朋友實際用這個方式在四國蓋了一棟房子，花了澳幣一千元用貨櫃從澳洲運回來，以現在的匯率換算下來是六萬四千日元。只需要這樣的花費就能夠把一間房子從澳洲運回來，和日本國內的運送費用相比，幾乎和從千葉縣運到東京的費用差不多。

大家都有對距離的概念，這是非常重要的。物理上的距離是，一千公里不管怎麼測量都是一千公里，但是相對於此還有所謂的時間距離，以時間來做距離的測量，在經營事業上時間距離是重要的思考因素。

但是，實際上還有一個所謂的費用（價格）距離。例如從千葉縣運送一間房屋到橫濱，與從澳洲運回來相較之下，幾乎是相同的費用（價格）距離。或者選擇從東京去大阪的環球影城二日遊，它的價格幾乎是和去洛杉磯的特惠機票一樣的價錢，那麼還不如選擇真正美國的環球旅遊還比較划算。九州宮崎市的喜凱亞（Sea Gaia）海洋巨蛋也是一樣，假設從東京去喜凱亞住上兩晚的話，可能直接去夏威夷還比較便宜。

是以什麼來測量距離呢？對有時間的人而言，費用（價格）距離會變得比較重要，對於沒有時間的人而言，則是時間距離會比較重要。物理上的距離現在完全不構成問題，更何況在網際網路的世界，可以使用網路電話和全世界進行對話，若是寬頻的話連影像都看得見。

逐漸了解這樣的模式之後，應該就會很清楚地知道商機真的到處都是，而且並非是完全不存在的市場，是對於既存的市場以不同的方法來進攻，根本沒有從零開始進行開拓的必要。

過時產業，全新做法

那麼，企業要做些什麼才好呢？我覺得所有的老舊企業，都必須學習奇異集團這十五年左右所做的事情，然後進行自己公司的「GE化」。要說奇異公司做過些什麼，實際上它也並沒有做任何新的事情。販賣的東西也是醫療用的器材、發電機，或是生活家電類的冰箱等，並非通訊產業也不是資訊科技產業。但是，這家公司它的資訊科技使用方法卻比世界上任何企業都要高明，可說是「過時產業、全新作法」的冠軍。

以前，傑克．威爾許曾說過要在所有的動詞前面都加上e之後，再進行考量，例如e製作（eMake）。e銷售（eSale）、e設計（eDesign）、e採購（ePurchase）。也就是說，這家公司將自己視為使用者，比任何人都還要徹底使用資訊科技，這樣的公司在日本可說是少之又少。

在威爾許時代，奇異的生產力足足成長了五倍，並將營業額增加五倍，人員縮減百分之十五。對於虧損部門的人員則支付給予適當的退職金請他們離職，然後積極採用必要的事業和技術部門所需要的人才，進行員工的新陳代謝。

奇異公司將一部份總公司的業務移到印度，現在則有一萬人在印度進行著總公司的業務，然而日本的企業當中會有能夠做到這些事情的公司嗎？當中也有導入企業資源規劃ERP系統、整合基礎資訊系統的公司，詢問其效果為何？答案卻是因為增加ERP的費用結果使得收益降低。那是因為奇異公司在導入新系統的同時也不斷的縮減人員，但是日本的公司不但沒有縮減人員，並且仍然保有舊有工作方式沒有加以改變，因此無法改善生產力。奇異公司和日本的企業兩者的作法竟然有如此兩極化的差別。所以這家公司是有學習價值的。今後的十年、十五年，奇異公司都是企業必須去學習以及追求的模範。

另外思科也是模範。這家公司可稱之為虛擬公司（Virtual Single Company, VSC）、利用思科連網（Cisco Connection Online, CCO）這個系統，它的訂單中有七成到八成是在網路上取得。路由器（Router）壞掉的時候並不是派修理人員前往，而是電腦會去看損壞的狀況、進行診斷後，用程式將故障的地方修復。所以這個公司雖然快速成長卻不會呈現不穩健的現象。

為什麼稱為虛擬公司呢？因為藉由電腦和一百二十家製作思科產品的夥伴公司連結在一起，製造者並不是思科。與旭電（Solectron）或是偉創力（Flextronics）這類專業電子代工產業（EMS）的公司都是靠電腦連在一起，思科的電腦連出貨檢查都做，但是從接到訂單到產品送到顧客手上為止，產品根本不會送到思科。可是，就顧客看來卻是思科接訂單然後由思科出貨，雖然是單一的公司（Single Company）但卻是虛擬（Virtual），全部都是在ERP上形成。就這一點而言，思科是世界上做得最徹底的公司。

還有戴爾電腦，戴爾是一九八四年時麥克．戴爾在德州大學奧斯汀分校的宿舍中創辦出來的，是一間接受電腦訂單並生產製造的公司。現在則結合顧客關係管理及供應鏈管理，成為一間系統先進的公司。在它營業額到達五千億日元左右之前，可能還覺得它只不過是和傑威（Gateway）非常相似的公司罷了，但是現在則和傑威公司全不同，顧客有八成都是法人。

戴爾的客戶關係管理系統（Customer Relationship Management, CRM）就是與顧客聯繫的介面，利用這個CRM接受訂單。所有的訂單都是個別的，不論是電腦的記憶體，或是放入什麼軟體，全部都是採取依照客戶量身訂做的接單方式。並且，和顧客的介面一定有一名專員負責進行。

戴爾的情形，所看到的似乎只是客服中心在接受訂單，但實際上除了接單也發出製造命令；將訂單分割成各個部份，自動形成展開圖表（Explosion Diagram），判斷該部份要交給哪家下游工廠，然後發出訂單。也就是說就像採購部門的功能一樣，在接到訂單的瞬間就同時自動進行，然後接下來則是連接到供應鏈管理（Supply Chain Management, SCM）系統，從檳城或是廈門等工廠收集各個完成的部分。這麼一來，大約一星期左右就能做出產品送到顧客的手上。配送服務則交由聯邦快遞來處理。換言之，顧客方面的CRM系統和供給方面的SCM系統，有效率地在ERP上連結，這中間不再透過其他。只要有這個系統，不論是印表機或是電視，任何物品都能夠推銷販賣。

戴爾除了製造電腦，其實舉凡網路社會的所有I／O（輸出／輸入）機器，都可以利用這個系統進行生產。而且在戴爾是沒有庫存的貨品。相對於此NEC或IBM等則是必須從代理商取得訂單的預估，計算出款式A或B需增加幾台後才開始進行製造。若預估錯誤的話，勢必從開始銷售的瞬間就不得不考慮降價。

而戴爾電腦和顧客之間只有電話或網路的存在關係，這是和擁有加盟店、代理店，或是在零售商販賣等公司全然不同的成本構造。戴爾之所以能夠被稱為贏家通吃型企業的理由，就是在於這個系統。

通常，所謂公司可以分為營業、設計、製造等，但是這家公司卻沒有這樣的機能劃分。一個系統之中公司必須進行全部作業，並且利用網路和各個零件公司或是下游廠商聯繫在一起。

這樣的公司在全世界拔得頭籌，是其他公司不管怎麼竭盡全力也望塵莫及的吧！美國的公司也是，IBM等早就退出了這場戰爭，並發表過要供應晶片給戴爾。也就是說IBM成為戴爾電腦的零件供應業者。要跟戴爾學習的地方實在是太多了。

西班牙的服裝製造商中，有一家叫INDITEX的公司。為什麼這家公司會受到注目呢？因為他們的ZARA或OYSHO都受到非常高的流行評價，而且價格幾乎和優衣庫差不多。即便比優衣庫貴三成、四成左右，但是因為和名牌衣服具有相同的流行性，所以才讓人有非常便宜的感覺，而且在世界的四十一個國家，特別是在小國家中擁有相當高的市場佔有率。ZARA在東京的銀座或六本木Hills也開了分店，而且相當受歡迎。

ZARA將流行性非常高的商品，以幾個星期為一週期的進度提供商品。對優衣庫而言一年只有四季，一年只舉行四次，所以可以很輕易就知道優衣庫的商品內容。但是，ZARA則是以三星期或四星期的循環週期，將可能會熱賣或是會流行的商品一小批一小批送出去販賣；並且採取單品管理，也就是各店自我管理的方式。對於全世界的三千家直營店，例如原宿的店覺得這個不錯時，就像戴爾針對不同客戶的訂單進行生產一樣，可以配合該店所要的物品於四十八小時以內用DHL送達。

ZARA絕不採取大量生產全國同步的做法，因為在東北和九州賣得好的東西不見得一樣，所以採取各自適合的商品進行生產銷售。因為能夠做到各店管理，所以讓它能形成像是服裝製造業界的戴爾。全世界四十一個國家，需求截然不同，卻也能完全對應各自的需要，公司規模比優衣庫稍大一些，賺的錢也是在優衣庫之上。我認為這是一家了不起的公司，而且公司本身擁有自己的店鋪，生產也幾乎都是在西班牙當地進行，是典型的自己製造兼零售（Specialty Store Retailer of Private Label Apparel）形態。

能成功的完成這個系統構築，據說是直接學習豐田的看板方式（準時化生產方式）和聯邦快遞的物流系統。

知識管理攻無不克

麥肯錫公司是我曾經待過二十三年的公司，若要用一句話來形容這家公司的特徵，那就是「知識管理」（Knowledge Management）。有一套可以用關鍵字就能夠搜尋過去的企劃案或經驗的系統，在二十幾年前就已經完成。例如在進行將電電公社（現在的NTT）民營化企劃案的當時，把民營化和通訊這些關鍵字輸入之後，在當時麥肯錫四千名員工的諮詢案例之中（現在則有七千人），誰具有這類的經驗馬上就一目了然。與搜尋出來的五、六人通過電話後，一個晚上的時間就能夠明瞭什麼樣的事情該做事前分析，或者什麼地方將會是關鍵所在，當我前去真藤恒先生（NTT首任董事長）的辦公室時，就能夠像是已經看到整個未來景象一般進行報告了。麥肯錫就像是知識管理的化身一樣的公司。

而且因為是世界第一的公司，在世界各地所做的企劃案可說是不計其數，所以只要一個關鍵字就能夠將這些經驗全部抓出來。甚至包括人員在必要時也能集合調派。可以將有經驗的人從世界各地集合，共同進行一個企劃案。它可以在世界各地的諮詢顧問公司之中成為壓倒性最大的公司，理由也在於此。其他的諮詢顧問公司則因為到了不同的國家就是另一個獨立公司的經營形態，所以當請求支援時，通常不是藉口很忙就是還要交涉能保證會有多少的收入等問題，然而麥肯錫則不會有此情形，是世界第一的公司，並且是最徹底執行知識管理的公司。在美國《財富》雜誌的全球五百大企業排行榜上的前三百名的公司中，都有派遣副社長以上的人才。

最後要談的是貝希特爾（Bechtel）這家公司，這是個開發巨型企劃案的公司。前總經理貝希特爾（Steven Bechtel）的作法就是稱為企業記憶（Corporate Memory）的手法。例如，在中東的國家所做的企劃案付款情況很不理想，或是那家公司的零件來不及所規定的交貨期限，或是不再和這家公司配合等這類的資訊全部累積儲存。這些資訊全部成為企劃管理上的 know-how，鮮少會有失敗的情形發生。雖然和麥肯錫的知識管理類似，但是貝希特爾公司除了企劃案管理之外，還包括絕對不要在這裡購買，或是不加入同業的聯合公會等這類消息也都放在資訊管理中。特別是不熟悉的國家，像是中東或是發展中國家等高風險地區的生意比較多之故，所以將這樣的資訊作為「企業記憶」成為全公司的財產。

但是為了這些資料的更新，當企劃案結束時，經營者必須在這個部分多花百分之五的時間。

這些都是可以成為自己模範的公司。大家留在公司想想看，接下來要做怎樣的改變？

肯定必須是要徹底進行改變公司染色體的工作。現在的公司，即便大家辛苦二倍以上也絕對不會賺錢，因為所用的方法已經行不通了。若不改變方法、讓經驗和時間累積下去的話，企業將沒有未來可言。想要在世界上成為贏家通吃的企業，它們的共通點是，愈向前進所累積的系統愈是先進。世界最頂尖的公司，在這十年間就已經改變了它的公司型態。

事業屬於最後成功的人獲勝

換個話題，我認為網路電話最終還是應該全部利用瀏覽器來進行，所以，我現在就正在進行讓它與通訊錄連動的開發工作。微軟也有電子郵件地址，但只是從通訊錄裡頭叫出來傳送郵件，通訊錄當中的電話號碼只是單純的備忘錄而已。我所開發的則是，在通訊錄中叫出A這個名字之後，出現的住址、電話等會是全部可以活動的功能，無論是在全世界的任何地方都能把它叫出來，點出郵件地址馬上可以傳送電子郵件。若是點出電話號碼則會連結網路電話。選取傳真，則藉由網路進入NTT.Com的傳真中心，成為傳真送到對方手上，也能夠和電子郵件相同做出附加檔的功能，然後在這邊的電子郵件中留有全部的紀錄；只要有公司的網頁，只要點選後馬上可以看到。將所有的東西都集合在一個瀏覽器中。

因此我想到要將這個作為ＡＳＰ（動態伺服器網頁）成立服務公司，現在也與友人正在著手製作。例如搭載線上同步學習軟體（Interwise）之後，進入通訊錄點選會議後，就可以開始三個人的會議。想到若能將這樣的系統做為網路的附加價值提供服務或許可行，於是和NTT.Com進行合作。同時也考慮到要將同步翻譯系統也組合進來。

利用這些作為事業發展的就是遠距教學。最近，在美國正在進行網路時代的管理階層教育（稱為Boot Camp），這就像是電腦重新啟動一樣，開始的前幾天，必須將目前為止所學的知識全部忘記，想盡辦法將它徹底丟棄。然後在之後的幾天中，才將想要讓他們學習的東西教給他們。這樣的教學若是採集合教學不僅花錢也花時間，所以請最優良的講師在遠距離的學習環境之中徹底進行這類的企業管理階級教育。

另外就是之前有提到過的，我在邦德大學所開始的「網路留學」。另外中輟生的特別課程或年長者的生涯學習等，也都會是非常有前途的事業。我認為這些勢必會成為資訊科技社會中的巨大市場。

現在的創業家商業學校下一個階段就是eABS。例如，曾有人提過希望我的課程能夠在仙台或札幌開課，但是我並沒有去的意願，目前，在線上另一頭的大阪學生人數已達四十人，這樣的系統若能不斷繼續擴展，那麼至少能將課程精髓的部分，讓在地方的人士也能在不用離家太遠的地點就可以聽講課程。到那個時候，不僅是影像的傳達，同時也必須是要能提出疑問或發表意見具有雙向作用（Interactivity）、雙方向性的東西。完成製作內容傳送出去之後就結束的這種程度是不行的。eABS 也是，解答疑問、結交朋友、形成網路上的同學，在許多東西共有之後才開始成為一個學習網站。和老師能進行的不光只是學習及教學這些事情而已。

目前為止所提到的東西，不論哪一項都是能成為巨大市場的內容。我也試著毫無保留地將這類的事業創意與大家分享，因為我已經做過了許多各式各樣的事業，所以也希望大家一定要試著去做，就算是要竊取我的創意也沒關係，因為所謂的事業就是，即使是掠奪他人的創意，最後成功的人才是真正的勝利者。

我想大家在學校都學過作弊是不正確的行為。但是事業卻是不論你要作弊或是要作什麼，最後成功的人才是勝利者。偷錢或是欺騙顧客這種非法行為當然是不允許的，但是作弊抄襲是沒關係的。不管是誰的創意，將它歸納成為事業並讓它成功的人才是勝利者。

當然，必須要尊重智慧財產權（ＩＰ）。但是，事業的大部分是 know-how、是系統、是速度，是有感情的。還有，不要重蹈他人覆轍也是相當重要的事情。因為就事業而言，其失敗的可能性遠遠要比成功來得高，所以人若是失敗了，就更必須針對失敗的原因徹頭徹尾進行檢討及研究。

即使是偷襲我正在著手進行的事業也無所謂，或是自行發展完全不同的事業也行，因為現在整個環境正處在閉塞的狀況下，大家都說沒有事業機會，其實是騙人的。就像我所提過的，事業機會真的非常多。所以，不論是誰，我都非常希望各位能夠不斷地挑戰新的事業；相對的，也希望既然要做，就一定要讓它成功。

①Reverse Mortgage：反向貸款，允許超過某個年齡的老人，可以將房屋資產當作擔保將其價值的一部分轉換成現金的一種方式。

②樂天市場（Rakuten Ichiba），成立於一九九七年，是一個提供網路空間，讓個人或企業開店的「虛擬商店街」。

③au：日本第二電電（DDI）、國際電信電話（KDD）以及日本移動通信（IDD）三社合併而成的KDDI集團旗下行動電話服務的總稱。

④iAppli：開始於二〇〇一年一月，是對應於使用NTT DoCoMo「imode」行動電話中的一種運用程式服務。

⑤NTT.Com：NTT集團中主要從事日本國內長途以及國際通訊事業，另外還提供全球性的IP解決方案服務。

》第一期畢業生的話

抱持「Just Do It!」的精神，向新事業挑戰！

Kenko.Com（股）總經理　後藤玄利

我在一九九六年聽講了創業家商業學校第一期的課程。當時是泡沫經濟瓦解後的混沌時期，是一個不論是誰對於日本經濟的未來都懷抱著極大不安的時期。

那個時候，我辭去了前一個諮詢顧問公司的工作，剛創立了Kenko.Com前身的健康食品郵購公司不久。說實話，當時的公司是在不斷的嘗試錯誤中經營，摸索如何才能提高營業額，處於重重困難的狀態之中。當時看到了報紙廣告後，覺得或許可以從中得到什麼提示而報名，這就是我和創業家商業學校相遇的經過。

當時，大前先生所用的宣傳廣告詞「Just Do It！」這句話，雖然是那麼簡單，但卻讓我深覺同感。一億數千萬的日本人，所有的人都能順勢成長的時代已經結束，目前為止被視為安穩的產業也面臨相當大的危機。在上課的當時，被認為絕對不會被擊潰的興銀、長銀、日債銀、都銀，現在不是已經消聲匿跡就是進行合併了。所以反正都是要處於風險之中，那麼就享受這個風險，如果順利的話說不定就會是一大機會，我在「Just Do It！」的這句宣傳廣告詞中感受到了這樣的精神。而這個精神能夠得到再次確認，則是我在創業家商業學校中的最大收穫。

將這個「Just Do It！」的精神牢記在心裡，對我成立 Kenko.Com 的工作上有相當大的幫助。一九九九年訪問美國郵購市場的討論會時，看到當地電子商務的蓬勃景象，真讓人起雞皮疙瘩。藉由網際網路，達成流通業的革新。更加地確信二十一世紀就是電子商務的時代。

但是，在當時的日本大家對電子商務這個詞彙仍不熟悉，實際使用的人幾乎是零。當時若是一頭栽進電子商務裡的話必須承受相當大的風險。就在那個時候，腦袋中浮現出「Just Do It！」這句話。堅持決然投入完全不受大家所熟悉的電子商務時，雖然有相當的風險，心想反正是在這樣混沌的時代中，就享受這個風險吧！於是開始了 Kenko.Com 的事業，我想當時若是有任何猶豫不決的話，或許就沒有現在的 Kenko.Com 了。

雖然 Kenko.Com 公司是在風險最大的時間點上開始進行的，但是因為遇到很好的人才、環境，所以在幾年的時間內就達到十倍以上的成長，並於去年成功地在東證市場（東京證交所新興交易市場）掛牌上市。這段期間，不知經歷過多少次一邊冒著風險、一邊享受克服風險的快樂。能夠渡過這樣令人激動興奮的時期，完全是因為能夠徹底實踐「Just Do It！」行動之故。

假使每一個人，能冒著風險努力於新事業，周圍的人的生活也會漸漸變好。我也想要讓更多人的健康有所幫助，所以冒著風險開始了Kenko.Com的事業。懷抱志向的人冒著風險挑戰新的事業，並甘之如飴於風險及嘗試錯誤等事情，我確信這才是讓社會更有活力的捷徑。

畢業生主要創業公司一覽表

公司名稱	職稱	姓名	期
Sharedvalue Corporation（股）	執行董事	小林秀司	1期
佐藤人才搜尋（股）	執行董事	佐藤文男	1期
Angel 證券（股）	董事長	細川信義	1期
frantech 律師事務所	律師	金井高志	1期
KenKoCom（股）	總經理	後藤玄利	1期
Creed（股）	總經理	宗吉敏彥	2期
Fanside（股）	執行董事	植山章博	2期
System Consultants（股）	執行董事	橫山富男	2期
Benefit Commons（股）	執行董事	清田浩之	2期
istyle	執行董事兼 CEO	吉松徹郎	3期
Prova（股）/LuPlan（有）	總經理	佐佐木義法	4期
design'am（股）	總經理	溝田明	5期
Personnel（股）	總經理	河村正樹	5期
Compass（股）	執行董事	鈴木進介	5期
Mebiration（股）	總經理	小松直美	5期
SciencePark（股）	總經理	小路幸市郎	5期
Refinverse（股）	總經理	越智晶	5期
MyVoiceCom（股）	總經理	高井和久	5期
Alive（有）	總經理	加藤忠	6期
Upside（股）	總經理	小山田光正	7期
Color（有）	執行董事	內芝宏	7期
IDA（股）	總經理	飯田淳	7期
食文化總研（股）	執行董事	櫻井貴幸	7期
Global Partners（股）	總經理	久保一之	8期
Business Online（股）	總經理	藤井博之	8期
Logistique（股）	總經理	正和	9期
Lead Vision（有）	執行董事	清水大輔	9期
Eager（股）	執行董事	黑木一成	10期
Integral（股）	執行董事	五十幡玲子	10期
KeyStone（股）	執行董事	小糸一志	10期
Respect（有）	總經理	西勇人	10期

公司名稱	職稱	姓名	期
Innovation（股）	執行董事	富田直人	10 期
First Advantage（股）	執行董事	桂太郎	10 期
Work Out World Jpan（股）	執行董事	增田秀俊	11 期
kokoro Project（有）	執行董事	內田羊拓	11 期
Weitzel（股）	總經理、CEO	奧田稔	11 期
Planet（股）	執行董事	中秀隆	11 期
Skill Up（股）	總經理	朱陽子	12 期
Palnet（股）	執行董事	守上俊之	12 期
DOE Group DOE Profero	最高經營責任者 總經理	馬淵邦美	13 期
Limited（股）	執行董事	伊藤雄一郎	14 期
Atto Binito（股）	執行董事	松川幸郎	14 期
princes house（股）	執行董事	細見貴子	14 期
Fine-net technology（股）	執行董事	塚本高久	16 期
濱田（股）	執行董事	濱田篤介	17 期

其它創業公司總計六百家

國家圖書館出版品預行編目資料

創新者的思考 / 大前研一著；/謝育容譯. -- 初版. -- 臺北市：商周出版：家庭傳媒城邦分公司發行, 2006 [民95]
--面；　　公分 --（新商業周刊叢書；207）
譯自：ニユービジネス活眼塾

ISBN　986-124-615-0（平裝）

1.創業　2.創新

494.1　　95004282

作者簡介

大前研一（Ohmae Kenichi）

一九四三年生於日本福岡縣。

早稻田理工學院學士、東京工業大學碩士、麻省理工學院（MIT）博士。

曾任日立製作所原子力開發部技師，後於一九七二年進入麥肯錫顧問公司。歷任日本分公司總經理、亞太地區董事長、總公司董事。

現任大前協會董事、創業家商業學校的董事，以及創業家商業學校的校長、加州大學洛杉磯分校（UCLA）研究所教授、澳洲邦德大學（Bond University）顧問暨客座教授。

著有《企業參謀——新裝版》、《大前研一的創業家商業學校 Part Ⅰ～Ⅴ》（日本President社出版）、《大前研一新資本論》（日本東洋經濟新報社出版）、《日本的真實》（日本小學館出版）、《思考的技術》（日本講談社出版，繁體中文版由商周出版發行）、《50 歲以後的選擇》（日本集英社出版）等書。

譯者簡介

謝育容

東吳大學商用數學系畢業，日本名古屋商科大學資訊管理理碩士。譯有《思考的技術》（商周出版），現為專職翻譯。

新商業周刊叢書BW0207Y

創新者的思考：看見生意與創意的源頭

原著書名／ニュービジネス活眼塾
原出版者／プレジデント社
原　作　者／大前研一
譯　　　者／謝育容
責任編輯／王筱玲、劉芸
版　　　權／黃淑敏、翁靜如、吳亭儀、邱珮芸
行銷業務／黃崇華、周佑潔、林秀津、王瑜

總　編　輯／陳美靜
總　經　理／彭之琬
事業群總經理／黃淑貞
發　行　人／何飛鵬
法律顧問／台英國際商務法律事務所　羅明通律師
出　　　版／商周出版
台北市中山區民生東路二段141號9樓
電話：(02) 2500-7008 傳真：(02) 2500-7759
E-mail：bwp.service@cite.com.tw
Blog：http://bwp25007008.pixnet.net/blog
發　　　行／英屬蓋曼群島商家庭傳媒股份有限公司城邦分公司
台北市中山區民生東路二段141號2樓
臺北市104民生東路二段141號2樓
讀者服務專線：0800-020-299　24小時傳真服務：(02) 2517-0999
讀者服務信箱E-mail: cs@cite.com.tw　劃撥帳號：19833503
戶名：英屬蓋曼群島商家庭傳媒股份有限公司城邦分公司
訂購服務／書虫股份有限公司客服專線：(02) 2500-7718；2500-7719
服務時間：週一至週五上午09:30-12:00；下午13:30-17:00
24小時傳真專線：(02) 2500-1990；2500-1991
劃撥帳號：19863813　戶名：書虫股份有限公司
E-mail: service@readingclub.com.tw
香港發行所／城邦（香港）出版集團有限公司
香港灣仔駱克道193號東超商業中心1樓
Email：hkcite@biznetvigator.com
電話：(852)2508-6231　傳真：(852)2578-9337
馬新發行所／城邦（馬新）出版集團【Cite (M) Sdn. Bhd.】
41, Jalan Radin Anum, Bandar Baru Sri Petaling,
57000 Kuala Lumpur, Malaysia
電話：(603)90578822　傳真：(603)90576622
Email：cite@cite.com.my

封面設計／黃宏穎
印　　　刷／韋懋事業有限公司
總　經　銷／聯合發行股份有限公司　電話：(02) 2917-8022　傳真：(02) 2911-0053
地址：新北市新店區寶橋路235巷6弄6號2樓

■ 2006年3月30日初版1刷
■ 2020年8月13日二版1刷

Printed Taiwan

NEW BUSINESS KATSUGAN JUKU by OHMAE Kenichi
copyright ©2005 OHMAE Kenichi
All Rights Reserved.
Originally published in Japan by PRESIDENT Inc. Tokyo.
Chinese（in complex character only）translation rights arranged with PRESIDENT Inc. Japan through The Sakai Agency and Bardon-Chinese Media Agency.
Complex Chinese translation copyright ©2006 by Business Weekly Publications, a division of Cite Publishing Ltd.
All Rights Reserved.

城邦讀書花園
www.cite.com.tw

定價／380元

ISBN：986-124-615-0

版權所有・翻印必究

商周出版

廣　告　回　函
北區郵政管理登記證
北臺字第10158號
郵資已付，免貼郵票

10480　台北市民生東路二段141號9樓

英屬蓋曼群島商家庭傳媒股份有限公司城邦分公司　收

請沿虛線對摺，謝謝！

商周出版

書號：BW0207Y　　書名：創新者的思考

請於此處用膠水黏貼

商周出版

讀者回函卡

感謝您購買我們出版的書籍！請費心填寫此回函卡，我們將不定期寄上城邦集團最新的出版訊息。

不定期好禮相贈！
立即加入：商周出版
Facebook 粉絲團

姓名：＿＿＿＿＿＿＿＿＿＿ 性別：□男 □女

生日：西元＿＿＿＿年＿＿＿＿月＿＿＿＿日

地址：＿＿＿＿＿＿＿＿＿＿

聯絡電話：＿＿＿＿＿＿＿＿ 傳真：＿＿＿＿＿＿＿＿

E-mail ：

學歷：□ 1. 小學 □ 2. 國中 □ 3. 高中 □ 4. 大學 □ 5. 研究所以上

職業：□ 1. 學生 □ 2. 軍公教 □ 3. 服務 □ 4. 金融 □ 5. 製造 □ 6. 資訊
□ 7. 傳播 □ 8. 自由業 □ 9. 農漁牧 □ 10. 家管 □ 11. 退休
□ 12. 其他＿＿＿＿＿＿＿＿

您從何種方式得知本書消息？

□ 1. 書店 □ 2. 網路 □ 3. 報紙 □ 4. 雜誌 □ 5. 廣播 □ 6. 電視
□ 7. 親友推薦 □ 8. 其他＿＿＿＿＿＿＿＿

您通常以何種方式購書？

□ 1. 書店 □ 2. 網路 □ 3. 傳真訂購 □ 4. 郵局劃撥 □ 5. 其他＿＿＿＿

您喜歡閱讀那些類別的書籍？

□ 1. 財經商業 □ 2. 自然科學 □ 3. 歷史 □ 4. 法律 □ 5. 文學
□ 6. 休閒旅遊 □ 7. 小說 □ 8. 人物傳記 □ 9. 生活、勵志 □ 10. 其他

對我們的建議：＿＿＿＿＿＿＿＿＿＿

【為提供訂購、行銷、客戶管理或其他合於營業登記項目或章程所定業務之目的，城邦出版人集團（即英屬蓋曼群島商家庭傳媒（股）公司城邦分公司、城邦文化事業（股）公司），於本集團之營運期間及地區內，將以電郵、傳真、電話、簡訊、郵寄或其他公告方式利用您提供之資料（資料類別：C001、C002、C003、C011 等）。利用對象除本集團外，亦可能包括相關服務的協力機構。如您有依個資法第三條或其他需服務之處，得致電本公司客服中心電話 02-25007718 請求協助。相關資料如為非必要項目，不提供亦不影響您的權益。】

1.C001 辨識個人者：如消費者之姓名、地址、電話、電子郵件等資訊。
2.C002 辨識財務者：如信用卡或轉帳帳戶資訊。
3.C003 政府資料中之辨識者：如身分證字號或護照號碼（外國人）。
4.C011 個人描述：如性別、國籍、出生年月日。

請於此處用膠水黏貼